水土流失综合治理技术规范

湖南省水土保持监测总站 主编

湖南大学出版社
·长沙·

图书在版编目（CIP）数据

水土流失综合治理技术规范/湖南省水土保持监测总站主编. —长沙：湖南大学
出版社，2023.5

ISBN 978-7-5667-2992-7

Ⅰ.①水⋯　Ⅱ.①湖⋯　Ⅲ.①水土流失—综合治理—技术规范
Ⅳ.①S157.1-65

中国国家版本馆 CIP 数据核字（2023）第 090155 号

水土流失综合治理技术规范

SHUITU LIUSHI ZONGHE ZHILI JISHU GUIFAN

主　　编	湖南省水土保持监测总站		
责任编辑	黄　　旺		
印　　装	长沙市宏发印刷有限公司		
开　　本	880 mm×1230 mm　1/16	印　张	3　　字　数：93 千字
版　　次	2023 年 5 月第 1 版	印　次	2023 年 5 月第 1 次印刷
书　　号	ISBN 978-7-5667-2992-7		
定　　价	15.00 元		

出 版 人：李文邦
出版发行：湖南大学出版社
社　　址：湖南·长沙·岳麓山　　　邮　　编：410082
电　　话：0731-88822559（营销部），88821315（编辑室），88821006（出版部）
传　　真：0731-88822264（总编室）
网　　址：http：//www.hnupress.com
电子邮箱：274398748@qq.com

前　言

本标准按照 GB/T 1.1—2020《标准化工作导则 第 1 部分：标准化文件的结构和起草规则》的规定编写。

请注意本标准的某些内容可能涉及专利。本标准的发布机构不承担识别专利的责任。

本标准由湖南省水利厅提出并归口。

本标准起草单位：湖南省水土保持监测总站

湖南省水利水电勘测设计研究总院

中南林业科技大学

湖南省水利水电科学研究院

湖南水利水电职业技术学院

本标准主要起草人：鲍　文　刘碧维　王忠诚　宋　楠　胡学翔　肖　凡

陈　茜　靖　磊　刘　毅　李正南　胡佳帅　左双苗

罗国平　陈　向　张梦杰　杨　贺　耿胜慧　刘力夑

宋　莹　郭俊军　陈国玉

目　次

水土流失综合治理技术规范

1 范围

本文件规定了水土流失综合治理术语定义、总体要求、调查、总体布置、工程设计、监测评价和改进的要求。

本文件适用于水土流失综合治理工程的设计、施工及建设管理。

2 规范性引用文件

下列文件中的内容通过文中的规范性引用而构成本文件必不可少的条款。其中，注日期的引用文件，仅该日期对应的版本适用于本文件；不注日期的引用文件，其最新版本（包括所有的修改单）适用于本文件。

GB 2772《林木种子检验规程》

GB 6000—1999《主要造林树种苗木质量分级标准》

GB 7908—1999《林木种子质量分级》

GB/T 13663《给水用聚乙烯（PE）管材》

GB/T 14175《林木引种》

GB/T 14685《建设用卵石、碎石》

GB/T 15162《飞播造林技术规程》

GB/T 15163—2018《封山（沙）育林技术规程》

GB/T 15774《水土保持综合治理效益计算方法》

GB/T 15776《造林技术规程》

GB/T 16453.1—2008《水土保持综合治理技术规范坡耕地治理技术》

GB/T 16453.2—2008《水土保持综合治理技术规范荒地治理技术》

GB/T 16453.3—2008《水土保持综合治理技术规范沟壑治理技术》

GB/T 16453.4—2008《水土保持综合治理技术规范小型蓄排引水工程》

GB/T 16453.6《水土保持综合治理技术规范崩岗治理技术》

GB/T 18337.3—2001《生态公益林建设技术规程》

GB/T 20465《水土保持术语》

GB/T 23231《退耕还林工程检查验收规则》

GB 50014—2021《室外排水设计标准》

GB 50286—2013《堤防工程设计规范》

GB 50433《生产建设项目水土保持技术标准》

GB/T 50434《生产建设项目水土流失防治标准》

GB/T 50445《村庄整治技术标准》

GB/T 50885—2013《水源涵养林工程设计规范》

GB 51018—2014《水土保持工程设计规范》

GB/T 51097—2015《水土保持林工程设计规范》

GB/T 51297《水土保持工程调查与勘测标准》

CJJ 17—2004《生活垃圾卫生填埋技术规范》

CJ/T 43《水处理用滤料》

HJ 2005—2010《人工湿地污水处理工程技术规范》

LY/T 1000《容器育苗技术》

LY/T 1186—1996《飞机播种治沙技术要求》

LY/T 1557—2000《名特优经济林基地建设技术规程》

NY/T 1276《农药安全使用规范》

SL 219—2013《水环境监测规范》

SL 260《堤防工程施工规范》

SL 277《水土保持监测技术规程》

SL 419《水土保持试验规程》

SL 534—2013《生态清洁小流域建设技术导则》

SL 657—2014《南方红壤丘陵区水土流失综合治理技术标准》

DB43/T 388《用水定额》

3 术语和定义

GB/T 20465 界定的以及下列术语和定义适用于本文件。

3.1 地块 block

地形坡度、土壤等综合自然特征和土地利用情况、土壤侵蚀状况基本一致的用于基础调查和分区治理面积为 1~50 hm² 的土地基本单位。

［来源：SL 534—2013，2.0.6］

3.2 坡改梯工程 project of turning hillsides into terraced fields

对坡度在 5°~25° 的中低产坡耕地，通过修筑梯田、治理坡面水系与地力培肥等措施，使地貌呈阶梯形，以防止土、肥、水的流失，提高耕地生产能力的相关活动。

3.3 生态清洁小流域 eco-clean small watershed

在传统小流域综合治理基础上，将水资源保护、面源污染防治、农村垃圾及污水处理等结合到一起的一种新型综合治理模式。其建设目标是沟道侵蚀得到控制、坡面侵蚀强度在轻度（含轻度）以下、水体清洁且非富营养化、行洪安全、生态系统良性循环的小流域。

［来源：SL 534—2013，2.0.2］

3.4 面源污染 nonpoint source pollution

通过降雨和地表径流冲刷，将大气和地表中的污染物从非特定的地点带入受纳水体，使受纳水体遭受污染的现象。

3.5 人工湿地 constructed wetland

配置于生态清洁小流域中，以净化污水、改善水质及水体景观为目的，由人工建造和控制运行的湿地。

［来源：GB 51018—2014，2.0.9，有修改］

3.6 侵蚀沟 erosion gully

由暂时性流水所形成的沟蚀地形。

注：侵蚀沟可分为沟头、沟沿、沟底及其上的水路、沟坡、沟口和冲积扇（冲积圆锥）等部分。

3.7 生态自然修复区 natual eco-restoration zone

小流域内人类活动和人为破坏较少，自然植被生长较好，分布在远离村庄、山高坡陡的集水区上部地带，通过封禁保护或辅以人工治理即可实现水土流失基本治理的区域。

［来源：SL 534—2013，2.0.3］

3.8 综合治理区 comprehensive control zone

小流域内人类活动较为频繁、水土流失较为严重，分布在村庄及周边、农林牧集中的集水区中部地带，需采取工程、植物和耕作等综合措施，方可实现水土流失基本治理的区域。

［来源：SL 534—2013，2.0.4］

3.9 沟（河）道及湖库周边整治区 channel regulation zone

沟（河）道及湖库周边一定范围内，分布在小流域的下部地带，需采取沟道治理、护坡护岸、土地整治或绿化美化措施，以保持水体清洁的沟（河）道两侧和湖库周边缓冲区域。

［来源：SL 534—2013，2.0.5］

3.10 生态沟 ecological ditch

具有一定宽度和深度，由水、土壤（或砂、卵石）、水生植物和微生物组成的具有自身独特结构并发挥相应生态功能的污水处理系统。

3.11 生态护岸 gully bank protection eco-works

利用植物或植物与工程相结合，对沟道滩岸进行防护，以达到固岸护地、控制土壤侵蚀和修复水生态目的的一种护岸形式。

［来源：GB 51018—2014，2.0.6］

4 总体要求

4.1 水土流失综合治理应以治理水土流失，保护和合理利用水土资源，提高土地生产力，改善流域生产生活条件及生态环境为基本出发点进行总体布置。

4.2 应以小流域为单元，统筹山、水、田、林、草、路、沟/渠进行总体布置，做到治理与利用、植物与工程、生态与经济兼顾，因地制宜，统一规划，各类措施相互配合，形成水土流失综合治理措施体系，发挥综合效益。

4.3 应坚持预防为主，生态优先，自然修复和人工治理相结合，措施配置宜从上至下，先上游后下游，层层控制，先坡面后沟道，先支毛沟后干沟，坡沟兼治。

4.4 应注重新理念、新技术、新工艺和新方法的应用，重视调查研究，提高各类防治措施的实用性、经济性和生态性。

4.5 水土流失综合治理选址应选择水土流失分布相对集中、便于规模治理的区域，宜依据水土保持规划，优先选择水土流失重点治理区、江河源头、饮用水水源保护地等区域。

5 调查

5.1 一般要求

5.1.1 制定小流域水土流失综合治理方案应进行调查，按照调查范围与调查要素，分为综合调查和详细调查。

5.1.2 调查宜采用资料收集、询问调查、典型调查、抽样调查和普查相结合的方法。

5.1.3 水文气象资料宜收集流域近30年系列资料。

5.1.4 拟布设水土保持措施的区域应根据设计阶段深度要求进行相应的地形测量，在布设谷坊（或拦沙坝）、护岸工程等区域时还应对工程区地质条件及主要工程地质问题进行勘察和评价。

5.1.5　地块、沟（河）道、村庄和水土保持措施等位置信息，宜在野外工作底图上标出，并结合适宜精度和比例尺的卫星遥感影像或无人机航空遥感影像，落实到图斑位置。

5.1.6　调查与测量的比例尺要求应符合 GB/T 51297 中的规定。

5.2　综合调查

5.2.1　综合调查应以小流域或乡（镇、街道）为单元，调查内容应包括自然条件、社会经济情况、水土流失与水土保持状况。

5.2.2　自然条件调查内容应包括小流域面积、地理位置、地形、地貌、水文、气象、土壤、植被等基本要素，见表 A.1～表 A.3。

5.2.3　社会经济情况调查内容应包括小流域人口、劳动力及转移情况、土地利用现状、农村各业生产情况、当地特色产业、人均年纯收入、群众生活水平及需求等，见表 A.4～表 A.7。

5.2.4　水土流失状况调查内容应包括小流域水土流失类型、面积、强度、分布以及危害、成因等水土流失现状资料，见表 A.8、表 A.9。

5.2.5　水土保持状况调查内容应包括水土流失治理现状、主要经验以及存在问题等。

5.3　详细调查

5.3.1　应对小流域内拟布设梯田工程、坡面截排水与小型蓄水工程、谷坊工程、拦沙坝工程、护岸工程、人工湿地工程、林草工程、封育工程、农业耕作措施的区块进行详细调查。

5.3.2　梯田工程调查内容应包括：

（1）拟实施区地形、原地面坡度、坡长、土层厚度、表土厚度；

（2）土（石）料来源、交通道路、施工条件；

（3）上游汇水面积、下游排水去向、雨洪利用条件及可利用水情况；

（4）梯田的种植结构和产业结构发展情况。

调查情况填写表 A.10。

5.3.3　坡面截排水与小型蓄水工程调查内容应包括：

（1）拟实施区地形、土地利用情况、坡度、坡长；

（2）汇水面积、汇水区下垫面情况、现状水土保持措施及下游排水去向。

调查情况填写表 A.11。

5.3.4　谷坊（或拦沙坝）工程调查内容应包括：

（1）拟筑坝区地形条件、地质条件、水文特征、洪水中的泥沙土石组成和来源资料；

（2）沟道堆积物状况、两岸坡面植被及护岸情况；

（3）现有谷坊（或拦沙坝）的数量、分布、结构断面及运行情况；

（4）筑坝材料、周边道路、村庄及施工条件。

调查情况填写表 A.12。

用于崩岗治理时，应增加对崩岗的调查，崩岗调查内容应符合 GB 51018—2014 中 8.1.3 第 1 项的要求。

5.3.5　护岸工程调查内容应包括：

（1）拟实施区沟（河）道形态、岸坡结构、两岸情况、岸坡坍塌、沟底下切情况及原因；

（2）沟（河）道内已建拦沙坝、护岸、灌溉沟渠等小型水利设施的断面及结构类型。

调查情况填写表 A.13。

5.3.6　人工湿地工程调查内容应包括：

（1）拟实施区农田面积、农药化肥施用情况、排放去向；

（2）村庄人口规模、生活污水处理情况、排放去向；

（3）沟、河道水质情况；

（4）拟建人工湿地场址土地利用情况。

调查情况填写表 A.14、表 A.15。

5.3.7 林草工程调查内容应包括：

（1）拟实施区立地条件；

（2）当地适生树（草）种、生长状况、病虫害防治情况；

（3）拟种植经果林区自然、交通及水源条件、农民种植意愿。

5.3.8 封育工程调查内容应包括：

（1）拟实施区自然、社会经济及交通条件；

（2）农村生产生活用材、能源和饲料供需条件；

（3）自然植被类型、现有天然更新和萌蘖能力强的树种分布情况；

（4）森林火灾以及林业有害生物。

5.3.9 农业耕作措施调查内容应包括：

（1）拟实施区地形、土质情况；

（2）耕作方式及水土流失情况。

6 总体布置

6.1 坡耕地综合治理工程

6.1.1 一般规定

6.1.1.1 坚持生态与经济兼顾，合理利用降水资源，蓄排水结合，使梯田、林草工程及坡面水系工程相配套，形成水土流失综合治理措施体系，发挥综合效益。

6.1.1.2 25°以上的坡耕地应实行退耕还林还草。

6.1.1.3 25°以下不宜修成梯田的坡耕地，立地条件较好、人多地少时，宜采取间作套种、合理密植、沟垄种植等措施，提高土地利用率；立地条件较差或地多人少时，宜采用轮作、少耕免耕、种植等高植物篱等措施，保护改良土壤。

6.1.1.4 5°以上 25°以下，坡位较低、土层较厚、土质较好、邻近水源、交通便利、距离村庄较近、便于经营管理的坡耕地、经济林地，宜改造为梯田。原地面坡度 5°～15°宜采用水平梯田或隔坡梯田，15°～25°宜采用隔坡梯田或坡式梯田。

6.1.1.5 坡改梯工程应通过分析当地土地资源及利用状况，结合区域经济和主导产业发展方向进行总体布置。

6.1.1.6 坡改梯工程建设包括地形调整、地块平整、表土保护、地埂修筑、坡面截排水与小型蓄水工程建设、田间道路配套、田坎植物种植等内容。

6.1.1.7 新修的梯田应尽可能保留原始成片植被，避免全垦整地，因地制宜建设植物篱，并应做到田面平整，地边有埂，采用保留表土、种植绿肥、施有机肥等措施进行培肥改良。

6.1.2 工程配置内容

坡耕地综合治理工程配置内容包括梯田工程、坡面截排水与小型蓄水工程、林草工程、保土耕作措施等。

6.1.3 工程布局要求

6.1.3.1 梯田工程应以截水沟、排水沟和田间道路为骨架，根据坡面地形自上而下沿等高线布设，大弯就势，小弯取直，集中连片，台位清晰，布局流畅，并与相邻坡面梯田相协调。

6.1.3.2 梯田区应以排为主、蓄排结合，做到排水沟、沿山沟、地块背沟、沉沙池合理布局，并根据实际需要配置蓄水池，形成截、排、蓄网络；山坡与顶部交界处，宜布置截水沟，以保证梯田区安全。

6.1.3.3 梯田田面宽度、田间道路的布局应符合 GB/T 16453.1—2008 中 8.1、8.2 的规定。

6.1.3.4 根据水源和立地条件，在梯田中可种植农作物和经果林，也可结合间作套种，发展多种经营。

6.2 荒山荒坡综合治理工程

6.2.1 一般规定

6.2.1.1 荒山荒坡治理应以恢复植被为核心，乔、灌、草相结合。

6.2.1.2 根据不同的地形、植被覆盖度、立地条件及交通条件等，因地制宜配置水土保持林草、梯田、封育等治理措施。

6.2.1.3 植被覆盖度大于 30％的荒山荒坡，宜采用封育措施，防止水土流失。

6.2.1.4 植被覆盖度小于等于 30％的荒山荒坡，宜采用水土保持林和水土保持种草措施。当植被覆盖度小于 10％或立地条件严重恶化时，应在坡面上采取开挖鱼鳞坑、水平竹节沟等工程整地，按照"以草起步、草灌先行"的原则，配合施肥抚育，选择抗逆性强、保土性能好、生长速度快的适地草本和灌木种类进行改造。

6.2.1.5 根据区域发展需要，坡度小于 25°的荒山荒坡，立地条件及交通、水源条件较好、距离村庄较近、便于经营管理的，宜修成梯田，开发为耕地、园地或经果林。

6.2.2 工程配置内容

荒山荒坡综合治理工程配置内容包括林草工程、封育工程、梯田工程、坡面截排水与小型蓄水工程等。

6.2.3 工程布局要求

荒山荒坡综合治理工程布局应符合 SL 657—2014 中 5.2.2～5.2.4 的规定。

6.3 侵蚀沟综合治理工程

6.3.1 一般规定

6.3.1.1 小流域侵蚀沟治理应与坡面治理相结合，统筹规划。

6.3.1.2 根据沟头汇水及溪沟侵蚀情况，因地制宜布设沟头防护工程和谷坊（或拦沙坝）工程等措施。

6.3.1.3 侵蚀沟的治理从沟头上游着手，通过截、蓄、导、排等工程措施，采取坡、沟兼治的办法，减少坡面径流，避免沟道冲宽和下切，并结合植物措施加速治理过程和巩固治理效果，使沟床趋于稳定。

6.3.1.4 谷坊（或拦沙坝）工程修建在沟底比降大于 5％、沟底下切剧烈发展的沟段。

6.3.1.5 侵蚀沟治理与小流域经济发展统一结合，在做好沟道集水坡面治理的基础上，根据侵蚀沟的发育阶段，充分利用沟中水土资源，选择不同治理开发措施：

（1）发展沟以治为主，治理与开发相结合，以治理促开发，以开发保治理；

（2）半稳定沟以防为主，防治与开发利用相结合；

（3）稳定沟以开发利用为主，按侵蚀沟所处的地形、土壤、水肥等条件及发展商品经济的要求，因地制宜规划，选择经济价值高的树种，为发展经济服务。

6.3.2 工程配置内容

侵蚀沟综合治理工程配置内容包括沟头防护工程、谷坊（或拦沙坝）工程、护岸工程、林草工程等。

6.3.3 工程布局要求

侵蚀沟综合治理工程布局应符合 SL 657—2014 中 6.3.2、6.3.3 的规定。沟头防护工程布置应符合 GB 51018—2014 中 14.2.1 的规定。

6.4 崩岗综合治理工程

6.4.1 原则和一般规定

6.4.1.1 针对崩岗的特点和发展规律，崩岗综合治理工程坚持以下原则：

（1）预防与治理并重的原则。对可能产生的崩岗采取预防保护措施，对已产生的崩岗采取综合治理措施。

（2）治标与治本结合的原则。既要控制崩口下泄的洪水、泥沙对下游农田的危害，又要制止崩岗的发展。

（3）治理与开发结合的原则。利用崩口内外的土地资源，发展水土保持经济林。

6.4.1.2 崩岗治理应采取"上截、下堵、中间削坡升级造林种草"的综合防治措施，保障下游村庄和农业生产的安全。

6.4.2 工程配置内容

崩岗综合治理工程配置内容包括截排水与小型蓄水工程、谷坊（或拦沙坝）工程、林草工程、封育工程等。

6.4.3 工程布局要求

崩岗综合治理工程布局应符合 SL 657—2014 中 7.0.1～7.0.5 的规定。

6.5 生态清洁小流域建设工程

6.5.1 一般规定

6.5.1.1 生态清洁小流域建设是小流域综合治理的创新和发展，应以水土流失综合治理为基础，符合水土保持规划和区域水资源保护规划的要求。

6.5.1.2 生态清洁小流域建设应以控制水土流失和面源污染为重点，坚持山、水、田、林、草、路、村、固体废弃物和污水排放统一规划，预防保护、生态自然修复与综合治理并重。

6.5.1.3 生态清洁小流域建设的目标应符合 SL 534—2013 中 3.0.2 的规定。

6.5.1.4 生态清洁小流域建设的内容应符合 SL 534—2013 中 3.0.4 的规定。

6.5.1.5 生态清洁小流域建设根据其所处区域功能定位的不同，分为城郊经济型生态清洁小流域和水源保护型生态清洁小流域两类。水源保护型生态清洁小流域分 3 个等级，分级指标应符合 SL 534—2013 中 5.0.3、5.0.4 的规定。

6.5.1.6 城郊经济型生态清洁小流域应位于市区、县城周边 5 km 左右、交通便利的流域内，通过生态清洁小流域建设后，可达到治理水土流失、保护生态环境、控制污染、发展特色产业、改善人居环境、促进旅游开发、发展地方经济的目的。

6.5.1.7 水源保护型生态清洁小流域应位于县级以上饮用水水源保护区内，且流域内污水、垃圾、农药、化肥等污染相对比较严重，通过生态清洁小流域建设后，可达到治理水土流失、保护生态环境、控制污染、改善人居环境、保障饮用水水质安全的目的。

6.5.2 工程配置内容

生态清洁小流域建设工程应按照生态自然修复区、综合治理区、沟（河）道及湖库周边整治区 3 个分区进行工程配置，选择相应的配置内容：

（1）生态自然修复区的工程配置内容包括封育工程；

（2）综合治理区的工程配置内容包括梯田工程、坡面截排水与小型蓄水工程、人工湿地工程、山塘整治、林草工程、保土耕作措施等；

（3）沟（河）道及湖库周边整治区的工程配置内容包括沟（河）道清淤、护岸工程等。

6.5.3 工程布局要求

6.5.3.1 总体布局

生态清洁小流域建设工程总体布局应符合 SL 534—2013 中 6.1.1～6.1.4 的规定。

6.5.3.2 生态自然修复区的工程布局

生态自然修复区的工程布局应符合 SL 534—2013 中 6.2.1、7.2.1、7.2.2 的规定。

6.5.3.3 综合治理区的工程布局

6.5.3.3.1 水土流失综合治理应符合 SL 534—2013 中 7.3.1 的规定。

6.5.3.3.2 山塘整治按下列要求执行：

（1）山塘清淤应结合农业耕作，优先考虑淤泥的综合利用，不能利用时，根据周边地形条件合理设置集中堆置点，并对堆置点采取水土保持措施，防止水土流失发生。堆置点水土保持措施设计应符合 GB 51018—2014 中 5.7、12.1～12.4 的规定。

（2）塘坝的整治技术应符合 GB 51018—2014 中 5.4、9.1～9.8 的规定。塘坝整治需设置取料场、弃渣场的，取料场与弃渣场的选址和防护应符合 GB 50433 中的规定。

（3）对村民的门口塘，宜根据村民生活需要设置下塘踏步、漂板等便民设施。

6.5.3.3.3 面源污染防治应符合下列要求：

（1）面源污染防治应符合 SL 534—2013 中 7.3.2 的规定；

（2）农药控制应符合 NY/T 1276 中的规定；

（3）化肥控制应符合 SL 534—2013 中表 5.0.4 的规定；

（4）实行农作物秸秆综合利用；

（5）实行农用残膜的集中回收和再利用，减少白色污染；

（6）采用合理的种植、耕作和节水灌溉措施，加强田间管理，控制产生面源污染的途径；

（7）在不影响行洪安全的前提下，因地制宜建立人工湿地、生态沟，种植水生植物，截留、过滤农业面源污染，净化水质。

6.5.3.3.4 人居环境整治应符合 SL 534—2013 中 7.3.3、GB/T 50445 中的规定。

6.5.3.4 沟（河）道及湖库周边整治区的工程布局

沟（河）道及湖库周边整治区的工程布局应符合 SL 534—2013 中 6.2.3、7.4.1～7.4.6 的规定。

7 工程设计

7.1 梯田工程

7.1.1 一般要求

7.1.1.1 梯田工程适用于坡耕地治理及立地、交通等条件较好的荒山荒坡治理。

7.1.1.2 梯田田面应外高内低，比降宜取 1：500～1：300，田面外侧设田埂，内侧设排水沟。排水沟尺寸根据当地降雨、土质、地表径流情况进行确定。

7.1.1.3 梯田田坎高度应根据地面坡度、土层厚度、梯田等级等因素合理确定，田坎应结实，坎面应整齐，不易垮塌，不多占耕地。

7.1.1.4 梯田田坎的建筑材料根据当地土质和石料情况而定。在石料缺乏、坡度较缓、土壤黏结性好的区域，宜修建土坎梯田，田坎应用生土填筑，土中不应夹有石砾、树根、草皮等杂物，修筑时应分层夯实；在坡度较陡、石料丰富的地区宜修筑石坎梯田，田坎应逐层向上砌筑，每层应用比较规整的较大块石砌成田坎外坡；在有石料但造价高、土层较厚的区域，可选用田坎下段为石、上段为土的土石混合田坎。

7.1.1.5 梯田断面设计应结合土层厚度，修平后内侧活土层厚度应大于 30 cm。表土剥离厚度根据土层厚度、土地利用类型等因素确定，应不小于 20 cm。

7.1.2 梯田工程设计

7.1.2.1 梯田工程级别和设计标准

7.1.2.1.1 梯田工程级别应符合 GB 51018—2014 中表 5.1.1-2 的规定。

7.1.2.1.2 梯田工程设计标准应符合GB 51018—2014中表5.1.2-2的规定。

7.1.2.2 梯田形式与选型

7.1.2.2.1 梯田形式应符合GB 51018—2014中6.1.3的规定。

7.1.2.2.2 梯田选型应符合GB 51018—2014中6.1.4的规定。

7.1.2.3 梯田断面设计

梯田断面设计应符合GB 51018—2014中6.2.1～6.2.3的规定。

7.1.2.4 埂坎植物设计

7.1.2.4.1 梯田埂坎宜充分利用并种植埂坎植物，应选种经济价值高、胁地较小的植物，宜以乡土植物为主，根据田面宽度、坎高、坎坡度配置相应植物。

7.1.2.4.2 土坎梯田田面宽度小于4 m时，宜配置灌草植物；田面宽度大于等于4 m时，宜配置乔灌木。梯田设埂时，宜在埂内种植1行乔灌木或草本植物。

7.1.2.4.3 石坎梯田埂坎植物应符合GB 51018—2014中6.3.3的规定。

7.1.2.5 田间道路设计

7.1.2.5.1 宜布设于梯田、经果林，便于农作、运输和经营管理等。

7.1.2.5.2 应与田块、坡面截排水与小型蓄水工程相协调，统筹规划。

7.1.2.5.3 路面宽度根据生产作业与使用机械情况确定。人行道路面宽宜为1～2 m，坡度较大地段宜修筑成台阶形；机耕道路面宽宜为2～4 m，纵坡宜不大于8％，与人行道路连通。

7.1.2.5.4 结合当地条件，可采用水泥、砂石、泥结碎石、素土等路面。

7.1.2.5.5 田间道路存在边坡时，应采取种草或浆（干）砌石护坡。

7.1.2.5.6 田间道路排水设计应符合SL 657—2014中5.1.5的规定。

7.1.3 施工要求

7.1.3.1 梯田应根据地形坡度、土层厚度和田面宽度条件，确定合理的表土保留方案。表土保留方法应符合GB 16453.1—2008中10.1.4的规定。

7.1.3.2 梯田施工宜安排在秋冬季节。

7.1.3.3 梯田施工应先修筑临时道路，充分利用施工机械和设备；临时道路宜和田间道路永临结合。

7.1.3.4 田坎修筑时，石坎砌石粒径大于300 mm的应不少于70％；土坎应分层夯筑，每层铺虚土厚度应不大于20 cm，田坎压实度应不小于90％。

7.1.4 梯田工程管护

7.1.4.1 新修梯田埂坎、田面出现损毁、沉陷、垮塌等情况时，应及时培修，夯实埂坎，铺平田面。

7.1.4.2 新修梯田前三年内应多施有机肥，增加土壤中的有机质、氮磷钾，促进土壤团聚体的形成。

7.1.4.3 应合理配置梯田坎埂植物和田面作物，促进土壤熟化。

7.2 坡面截排水与小型蓄水工程

7.2.1 一般要求

7.2.1.1 适用范围

坡面截排水与小型蓄水工程适用于水土流失严重的坡耕地治理、荒山荒坡治理。

7.2.1.2 总体布局

应结合地形条件，按"高水高排、低水低排、以排为主、排蓄结合"进行布设，截水沟应布设在治理坡面的上方，末端布设沉沙池与排水沟相接；排水沟尽量利用天然沟道；蓄水池宜布设在坡脚或坡面局部低洼处，与排水沟相连，以容蓄坡面排水。

7.2.1.3 截水沟的布设

7.2.1.3.1 当坡面下部是梯田或林草，上部是坡耕地或荒坡时，应在其交界处布设截水沟。

7.2.1.3.2 当治理坡面的坡长较长时，宜增设截水沟，间距根据其控制集水面积、坡面洪峰流量、排水能力，结合地形条件通过计算确定。

7.2.1.3.3 截水沟基本上沿等高线布设，沟线应顺直。截水沟一端应与坡面排水沟相接，坡面来水经截水沟拦截排至排水沟。截水沟与排水沟连接处做好防冲措施。

7.2.1.3.4 截水沟宜采用梯形断面，坡面坡度较大时宜采用矩形断面。

7.2.1.4 排水沟的布设

7.2.1.4.1 排水沟一般布设在坡面截水沟的两端或较低一端，与等高线斜交或正交布置，沟底设置与地形条件相适应的坡度，引导截水沟或坡面上部的径流，末端与天然沟道相连接。

7.2.1.4.2 排水沟沟底比降应根据沿线地形、地质及与截水沟连接等因素确定，不宜小于0.5%，土质沟的最小比降应不小于0.25%，衬砌沟的最小比降应不小于0.12%。当坡度陡、流量大时，应考虑设置多级跌水或加糙（坎）消能。

7.2.1.4.3 梯田区两端的排水沟，一般与坡面等高线正交布设，大致与梯田两端的道路同向。排水沟纵断面可采取与梯田区大断面一致，以每台田面宽为一水平段，以每台田坎高为一跌水，在跌水处做好防冲措施。

7.2.1.4.4 排水沟宜根据地形及施工条件选用梯形、矩形或U形断面，并做好防冲措施，衬砌材料可采用砂浆抹面、浆砌片石、混凝土预制槽等。

7.2.1.4.5 当排水沟较长、上下游汇水面积变化大时，应根据地形条件考虑断面渐变。

7.2.1.5 蓄水池的布设

7.2.1.5.1 蓄水池应布设在坡脚或坡面局部低凹处，与排水沟（或排水型截水沟）的终端相连，容蓄坡面排水，坡面来水量需满足蓄水池设计容量要求。

7.2.1.5.2 蓄水池按照地形有利、经济合理、便于使用、地质条件良好、施工方便的原则布置，一个坡面可集中布设一个蓄水池，也可根据需要布设若干蓄水池。

7.2.1.5.3 蓄水池的设计容量应综合考虑坡面来水量和作物灌溉用水定额制定，作物用水定额应符合DB 43/T 388中的规定。单池容量一般为10~50 m³不等，不宜超过100 m³。

7.2.1.5.4 蓄水池一般为矩形或圆形，宜采用砖砌、浆砌块石、钢筋混凝土或素混凝土结构。池身可用隔墙分成沉沙区和蓄水区两部分，隔墙预留溢流槽，径流由进水口先进入沉沙区，经沉沙后通过预留的溢流槽进入蓄水区。

7.2.1.5.5 蓄水池可分开敞式和封闭式，根据地形和土质条件，蓄水池可建在地上或地下，池深一般为3.0~4.0 m，池内宜设检修踏步，开敞式蓄水池池边应设置明显的安全警示标志，地下开敞式蓄水池池周还应设置安全护栏。

7.2.1.6 沉沙池的布设

7.2.1.6.1 沉沙池一般布设在排水沟出水口或蓄水池进水口的上游附近，排水沟排出的水，先进入沉沙池，经泥沙沉淀后，再将清水排入蓄水池中。

7.2.1.6.2 沉沙池的具体位置，应根据地形和工程条件确定。当布有蓄水池时，可以紧靠蓄水池，也可以与蓄水池保持一定距离。沉沙池池边应设置明显的安全警示标志。

7.2.1.6.3 梯田建设区沉沙池的布置可结合田块的分布兼作小型集水池使用，便于施药、施肥等，并应根据沉沙池淤积情况定期进行泥沙清理。

7.2.2 坡面截排水与小型蓄水工程设计

7.2.2.1 坡面截排水工程设计

7.2.2.1.1 坡面截排水工程等级和设计标准应符合GB 51018—2014中5.6.1、5.6.2的规定。

7.2.2.1.2 坡面截排水沟断面设计按照公式（1）~公式（3）进行计算。

$$Q_s = 16.67\varphi qF \cdots\cdots\cdots\cdots\cdots\cdots\cdots\cdots\cdots\cdots\cdots\cdots（1）$$

式中：

Q_s——设计排水流量，单位为立方米每秒（m³/s）；

q——设计重现期和降雨历时内的平均降雨强度，单位为毫米每分钟（mm/min）；

φ——径流系数；

F——集水面积，单位为平方公里（km²）。

$$Q = A \cdot v \cdots\cdots\cdots\cdots\cdots\cdots\cdots\cdots\cdots\cdots\cdots\cdots\cdots\cdots\cdots\cdots\cdots\cdots\cdots \text{（2）}$$

式中：

Q——设计断面最大过水流量，单位为立方米每秒（m³/s）；

A——设计断面面积，单位为平方米（m²）；

v——设计断面过流流速，单位为米每秒（m/s）。

$$v = \frac{1}{n} R^{2/3} i^{1/2} \cdots\cdots\cdots\cdots\cdots\cdots\cdots\cdots\cdots\cdots\cdots\cdots\cdots\cdots\cdots\cdots \text{（3）}$$

式中：

v——设计断面过流流速，单位为米每秒（m/s）；

R——水力半径，单位为米（m）；

i——截水沟沟底比降；

n——糙率。

7.2.2.2 小型蓄水工程设计

小型蓄水工程设计按下列要求执行：

（1）蓄水池的设计应符合 GB 51018—2014 中 15.4.1、15.4.2 的规定；

（2）沉沙池的设计应符合 GB 51018—2014 中 15.5.1、15.5.2 的规定。

7.2.3 施工要求

7.2.3.1 截排水沟的施工应符合 GB/T 16453.4—2008 中 3.4.1 的规定。

7.2.3.2 蓄水池与沉沙池的施工应符合 GB/T 16453.4—2008 中 3.4.2 的规定。

7.2.4 坡面截排水与小型蓄水工程管护

截排水沟、蓄水池与沉沙池的管护应符合 GB/T 16453.4—2008 中 3.5 的规定。

7.3 谷坊工程

7.3.1 一般要求

7.3.1.1 谷坊工程适用于崩岗治理及侵蚀沟的治理。

7.3.1.2 谷坊宜布设于泥沙多、沟道不稳定及沟底纵坡大于 5% 、沟蚀活跃的沟道。

7.3.1.3 谷坊布设宜与沟头防护、拦沙坝等沟道治理措施互相配合。

7.3.1.4 谷坊选址应选择沟底稳定、沟道顺直、"口小肚大"、取材方便、工程量小的地段，在有跌坎的沟道，应在跌坎上方布设。

7.3.1.5 谷坊类型应根据建筑材料确定，可选择土谷坊、石谷坊、植物谷坊等。

7.3.1.6 谷坊的数量应在沟道详查的基础上确定，根据沟底比降，可系统地布设谷坊群。

7.3.1.7 谷坊位置按照"顶底相照"的原则，从下而上布设，一般高 2～5 m，下一座谷坊的顶部大致与上一座谷坊基部等高。

7.3.1.8 在土谷坊内外边坡宜种植适应当地生长条件、固土能力强的草灌，固土护坡。

7.3.2 谷坊工程设计

7.3.2.1 谷坊设计标准应符合 SL 657—2014 中 5.1.6 中第 2 项的规定。

7.3.2.2 谷坊间距应符合 GB/T 16453.3—2008 中 4.2.3 的规定。

7.3.2.3 土谷坊设计

7.3.2.3.1 土谷坊坝高宜取 2～5 m，顶宽宜取 1.5～4.5 m，上游边坡宜取 1：2.0～1：1.5，下游边坡宜取 1：1.75～1：1.25。

7.3.2.3.2 坝顶作为交通道路时，应按交通要求确定坝顶宽度。在谷坊能迅速淤满的地方，迎水坡比可与背水坡比一致。

7.3.2.3.3 土谷坊不允许坝顶过水，应将溢洪口设置在土坝一侧的坚实土层上或岩基上，上下两座谷坊的溢洪口宜左右交错布设。

7.3.2.3.4 对沟道两岸是平地、沟深小的沟道，如坝端无适宜开挖溢洪口的位置，可将土坝高度修到超出沟床 0.5～1.0 m，坝体在沟道两岸平地上各延伸 2～3 m，并用草皮或块石护脚，使洪水从坝的两端漫至坝下农、林地，或安全转入沟谷，不允许水直接回流到坝脚处。

7.3.2.3.5 土谷坊溢洪口设计洪峰流量按照公式（4）进行计算：

$$Q = 0.278kIF \quad\text{······································} \quad (4)$$

式中：

Q——设计洪峰流量，单位为立方米每秒（m³/s）；

I——设计频率和降雨历时的最大降雨强度，单位为毫米每小时（mm/h）；

k——径流系数；

F——集水面积，单位为平方公里（km²）。

7.3.2.3.6 土谷坊溢洪口断面尺寸设计按照公式（2）和公式（3）进行计算。

7.3.2.4 石谷坊设计

7.3.2.4.1 石谷坊分干砌石谷坊、浆砌石谷坊。

7.3.2.4.2 干砌石谷坊设计应符合 GB 51018—2014 中 14.4.3 的规定。

7.3.2.4.3 浆砌石谷坊设计应符合 GB 51018—2014 中 14.4.4 的规定。

7.3.2.4.4 石谷坊的溢洪口一般设在坝顶，断面设计应符合 GB 51018—2014 中 14.4.2 的规定。

7.3.2.5 植物（柳、杨）谷坊设计

7.3.2.5.1 植物谷坊分多排密植型和柳桩编篱型。

7.3.2.5.2 多排密植型植物谷坊设计应符合 GB 51018—2014 中 14.4.8 的规定。

7.3.2.5.3 柳桩编篱型植物谷坊设计应符合 GB 51018—2014 中 14.4.9 的规定。

7.3.3 施工要求

谷坊施工应符合 GB/T 16453.3—2008 中 4.4.1～4.4.3 的规定。

7.3.4 谷坊工程管护

谷坊管护应符合 GB/T 16453.3—2008 中 4.5.1～4.5.4 的规定。

7.4 拦沙坝工程

7.4.1 一般要求

7.4.1.1 拦沙坝工程适用于崩岗治理及土石山区多沙侵蚀沟的治理。

7.4.1.2 拦沙坝布置应因害设防，在控制泥沙下泄、抬高侵蚀基准面和稳定岸坡坍塌的基础上，与开发利用相结合。

7.4.1.3 沟谷治理中拦沙坝宜与谷坊、塘坝等相互配合、联合运用。

7.4.1.4 拦沙坝坝址、坝型选择应符合 GB 51018—2014 中 8.3.1～8.3.6 的规定。

7.4.2 拦沙坝工程设计

7.4.2.1 工程等别及建筑物级别应符合 GB 51018—2014 中 5.3.1 的规定。

7.4.2.2 建筑物的防洪标准应符合 GB 51018—2014 中 5.3.2 的规定。

7.4.2.3 工程稳定安全系数标准应符合 GB 51018—2014 中 5.3.3、5.3.4 的规定。

7.4.2.4 设计规模的确定应符合 GB 51018—2014 中 8.4.1～8.4.4 的规定。

7.4.2.5 坝体设计与溢洪道设计应符合 GB 51018—2014 中 8.5.1～8.6.2 的规定。

7.4.3 施工要求

拦沙坝施工应符合 GB/T 51018—2014 中 8.7.1、8.7.2 的规定。

7.4.4 拦沙坝工程管护

7.4.4.1 暴雨中应有专人至拦沙坝现场巡视，如有险情，及时组织抢修。

7.4.4.2 每年汛后和每次大暴雨后，应至拦沙坝现场检查，发现损毁情况，及时补修。

7.4.4.3 坝后淤满成地后，应及时种植喜湿、耐淹、经济价值较高的用材林、果树或其他经济作物。

7.5 护岸工程

7.5.1 一般要求

7.5.1.1 护岸工程适用于沟（河）道与湖库周边的整治。

7.5.1.2 在沟（河）道有岸坡冲刷、坍塌，并影响农业生产安全的区段应布设护岸护坡工程。岸线应与沟（河）道流向相适应，力求平顺，各段平缓连接，不得采用折线或急弯。

7.5.1.3 护岸布设应保持沟（河）道的自然形态及其纵向连续性，并与沟（河）道岸带治理、湿地恢复、排洪渠（沟）等措施相结合。

7.5.1.4 护岸工程按照"防冲不防淹"的原则布设，护岸高度宜参照附近现有完整护岸高程或两侧防护的农田标高确定；在人群活动密集区应设置安全设施和警示标志。

7.5.1.5 护岸工程的措施类型应在查明现有沟（河）岸出现破坏的原因的前提下进行选择。

7.5.1.6 应在满足防洪、稳定、结构安全前提下，结合水文、地形、地貌、地质、沟（河）床形态、建筑材料、施工条件等因素，坚持"生态优先"的原则，优先选用植物、松木桩、卵石、块石、生态混凝土预制构件、格宾、混凝土生态砌块等生态护岸材料。

7.5.1.7 生态护岸遵循"岸坡稳定、行洪安全、材质自然、内外透水及成本经济"的原则进行布置，宜与沟（河）道天然形态相协调。

7.5.1.8 生态护岸布置应依据沟（河）道水流形态、气候条件及滩岸类型，因地制宜采用植物或植物工程相结合的布置方式。

7.5.2 护岸工程设计

7.5.2.1 坡式护岸

7.5.2.1.1 坡式护岸可分为上部护坡和下部护脚。上部护坡的结构形式应根据沟（河）岸地质条件和地下水活动情况，采用干砌石、浆砌石、混凝土预制块等，经技术经济比较选定。下部护脚部分的结构形式应根据岸坡地形地质情况、水流条件和材料来源，采用抛石、石笼等，经技术经济比较选定。

7.5.2.1.2 护坡工程应符合 GB 50286—2013 中 8.2.2、8.2.3 的规定。

7.5.2.1.3 抛石护脚应符合 GB 50286—2013 中 8.2.4 的规定。

7.5.2.2 坝式护岸

7.5.2.2.1 坝式护岸布置可选用丁坝、顺坝及丁坝、顺坝相结合等形式。

7.5.2.2.2 护岸设计应符合 GB 50286—2013 中 8.3.1～8.3.8 的规定。

7.5.2.3 墙式护岸

7.5.2.3.1 对河道狭窄、堤防临水侧无滩易受水流冲刷、保护对象重要、受地形条件或已建建筑物限制的河岸，宜采用墙式护岸。

7.5.2.3.2 护岸设计应符合 GB 50286—2013 中 8.4.2～8.4.5 的规定。

7.5.2.4 桩式护岸

7.5.2.4.1 桩式护岸适用于陡岸的防护，以维护陡岸的稳定，保护坡脚不受强烈水流的冲刷。

7.5.2.4.2 桩式护岸的材料可采用木桩、钢桩、钢筋混凝土桩等。木桩适用于沟道护岸，钢桩、钢筋混凝土桩适用于河道护岸。

7.5.2.4.3 桩的长度、直径、入土深度、桩距、材料、结构等应根据水深、流速、泥沙、地质等情况，通过计算或已建工程运用经验分析确定；桩的布置可采用1～3排桩，木桩排距可采用0.15～0.30 m，钢桩、钢筋混凝土桩排距可采用2～4 m。

7.5.2.4.4 桩可选用透水式和不透水式；透水式桩间应以横梁连系并挂尼龙网、铅丝网、竹柳编篱等构成屏蔽式桩坝；桩间及桩与坡脚之间可抛块石、混凝土预制块等护桩护底防冲。

7.5.2.5 生态护岸

生态护岸应符合 GB 51018—2014 中 10.6.1～10.6.5 的规定。

7.5.3 施工要求

7.5.3.1 护岸工程宜在非汛期进行，生态护岸宜选择适宜植物生长的季节施工。

7.5.3.2 施工方法应符合 SL 260 中的规定。

7.5.3.3 施工场地布置应根据施工方法、技术供应及施工用水、电、交通等条件综合确定。

7.5.3.4 施工道路布设应优先利用现有道路，需要新建道路时应避免占用农田。

7.5.4 护岸工程管护

7.5.4.1 护岸工程应有明确的管理单位。护岸工程检查观测范围应包括护岸工程管理范围和安全保护范围。

7.5.4.2 应本着"经常养护、及时维修、养修并重"的原则，保持护岸工程的完整、安全和正常运行。

7.5.4.3 每年汛后和每次大暴雨后，应对护岸工程进行现场检查，发现砌体沉陷、松动、塌陷、裂缝、破损、垫层淘刷等情况应及时进行补修，对生态护岸损毁的植被应进行补植。

7.6 人工湿地工程

7.6.1 一般要求

7.6.1.1 人工湿地工程适用于生态清洁小流域建设中面源污染的治理。

7.6.1.2 人工湿地应以表面流人工湿地为主，少用或不用潜流人工湿地，以便于后期维护。

7.6.1.3 人工湿地可由一个或多个单元组成，包括集配水装置、填料、防渗层及水生植物等，可采用并联式、串联式或混合式等组合方式。

7.6.1.4 人工湿地场址及规模应综合考虑流域范围内的自然背景条件，符合总体发展规划与水土保持规划要求，不应受洪水和内涝威胁，也不应影响行洪安全。

7.6.1.5 人工湿地宜选用根系发达、耐污能力强、去污效果好、具有抗冻及抗病虫害能力、有一定经济价值和景观价值的乡土植物，并应谨慎选用外来物种。

7.6.1.6 人工湿地可选择一种或多种植物搭配栽种。

7.6.2 设计水量和设计水质

7.6.2.1 设计水量及水质应符合 GB 50014—2021 中 4.1、4.2 的规定。

7.6.2.2 进水水质应符合 HJ 2005—2010 中表 1 的规定，污染物去除效率应符合 HJ 2005—2010 中表 2 的规定。

7.6.3 工程设计

7.6.3.1 设计参数

应根据模拟试验结果确定主要设计参数，未进行模拟试验时，应符合 HJ 2005—2010 中表 3 的规定。

7.6.3.2 几何尺寸

7.6.3.2.1 人工湿地单元面积不宜过大，表面流人工湿地单元的面积和水平潜流人工湿地单元的面积宜小于 800 m²，垂直潜流人工湿地单元的面积宜小于 1500 m²。

7.6.3.2.2 人工湿地单元长度、水深及水力坡度应符合 HJ 2005—2010 中 6.4.2 的规定。

7.6.3.3 集布水系统设计

7.6.3.3.1 应采用穿孔管、配（集）水管、配（集）水堰等方式保持配水、集水的均匀性。

7.6.3.3.2 管孔密度应均匀，流速宜为 1.5～2.0 m/s，尺寸、间距及长度应根据进出水的水力条件和人工湿地单元宽度进行选择。

7.6.3.4 填料

7.6.3.4.1 应具有良好的透水性，能为植物和微生物提供良好的生长环境。

7.6.3.4.2 石灰石、矿渣、蛭石、沸石、砂石、高炉渣、页岩等填料应符合 GB/T 14685 中的规定。

7.6.3.4.3 填料应预先清洗干净，按照设计确定的级配要求充填，安装后湿地孔隙率宜不低于 0.3，应符合 CJ/T 43 中的规定。

7.6.3.5 防渗层

7.6.3.5.1 应在底部和侧面进行防渗处理，防渗层的渗透系数应不大于 10^{-8} m/s。

7.6.3.5.2 可采用黏土层、聚乙烯薄膜及其他建筑工程防水材料，应符合 CJJ 17—2004 中 6.0.4 的规定。

7.6.3.6 管材及闸阀

7.6.3.6.1 管材宜选用 PVC 或 PE 管，规格参数应符合 GB/T 13663 中的规定。

7.6.3.6.2 应选用易操作、耐腐蚀且密封性好的阀门。

7.6.3.6.3 水位控制闸板、可调堰等装置采用非标设计时，应综合考虑材质、控制方式、防腐及耐用等因素。

7.6.4 人工湿地植物

7.6.4.1 人工湿地植物选择及配置

常见的人工湿地植物选择及配置见附录 B。

7.6.4.2 人工湿地植物栽植及密度

7.6.4.2.1 人工湿地植物的栽种移植包括地下根茎移植、盆栽移植等，种植的时间宜为春、夏季。

7.6.4.2.2 植物种植密度可根据植物种类与工程的要求调整，挺水植物的种植密度宜为 3～5 丛/m²，浮水植物和沉水植物的种植密度均宜为 3～9 株/m²。

7.6.5 人工湿地管护

7.6.5.1 人工湿地工程管护

7.6.5.1.1 雨季时，每次暴雨后，应派专人检查，发现工程损毁或其他问题时，应及时进行维修和处理。

7.6.5.1.2 旱季时，应定期检查水位，及时清淤，以保证人工湿地能充分发挥其功能。

7.6.5.2 人工湿地植物管护

7.6.5.2.1 人工湿地栽种植物后即须充水，为促进植物根系发育，初期应进行水位调节。

7.6.5.2.2 植物系统建立后，应保证连续提供污水，保证水生植物的密度及良性生长。

7.6.5.2.3 应根据湿地植物的生长特点、季节及时间，进行补苗、杂草清除、病虫害防治及季节性清理，但严禁使用除草剂和化学杀虫剂等。

7.7 林草工程

7.7.1 一般要求

7.7.1.1 本文件涉及的林草工程包含水土保持林、水源涵养林、经果林、水土保持种草。适用于坡耕地、荒山荒坡、侵蚀沟及崩岗地区等的水土流失治理。

7.7.1.2 林草工程应以坡度、岩石发育类型、土壤厚度作为影响营建措施的主要因子，综合考虑土地利用现状及经济社会发展需求，按照适地适树及乡土树种优先原则，合理确定树种及配置比例。

7.7.1.2.1 坡度大于 25°，以封山育林措施为主，应符合 GB/T 15163 中的规定，如果为退耕还林区，应根据立地条件，按 GB/T 23231 中的规定执行。

7.7.1.2.2 坡度小于 25°，应根据立地条件，按下列要求合理配置水土保持林草：

（1）土层厚度大于 20 cm，立地条件较好的地区，可以营建常绿阔叶混交林，同时兼顾经济增收功能；

（2）土层厚度小于 20 cm，立地条件较差的地区，应种植小灌木或草本；

（3）石灰岩和紫色页岩发育地区，土层浅薄，蓄水能力弱，水土流失严重，应种植具有耐旱、耐贫瘠特性的水土保持灌草。

7.7.1.2.3 坡度大于 5°，应结合水土保持工程措施和农业耕作措施进行，严禁顺坡种植及毁林开荒。

7.7.2 水土保持林

7.7.2.1 水土保持林设计

7.7.2.1.1 树种

水土保持林树种选择应符合下列要求：

（1）应选择根系发达、树冠浓密、落叶丰富、抗病虫害能力强、耐干旱瘠薄，具有一定景观价值和经济价值的乔灌木，水土保持林主要树种选择见附录 C；

（2）引进外来树种，应符合 GB/T 14175 中的规定。

7.7.2.1.2 种苗

水土保持林种苗选择应符合下列要求：

（1）使用裸根苗应符合 GB 6000—1999 中附录 A 的规定；

（2）使用容器苗应符合 LY/T 1000 中的规定；

（3）飞机播种造林、人工播种造林使用的种子应符合 GB 7908—1999 中表 1 的规定；

（4）检验林木种子质量应符合 GB 2772 中的规定。

7.7.2.1.3 造林密度

造林密度的确定应符合 GB/T 18337.3—2001 中 4.1.1.5.2 的要求，水土保持林主要的造林密度见附录 D。

7.7.2.1.4 整地

应根据立地条件和树种选择穴状整地或带状整地等方式（见图 1），禁止全面整地，应符合 GB/T 18337.3—2001 中 4.1.1.5.1 的规定。

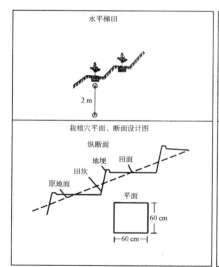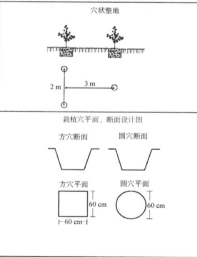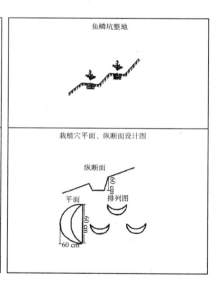

图 1　水土保持林主要整地方式

7.7.2.1.5 种植方式

水土保持林种植方式宜采用植苗造林和播种造林，应符合 GB/T 15776—2016 中 10.1 的规定。

7.7.2.2 水土保持林管护

7.7.2.2.1 幼林管护

水土保持林的幼林管护应符合下列要求：

（1）新造幼林应实行封育，固定专人管护，禁止放牧，防止人畜破坏，防止林地火灾，防治病、虫、鼠害及防止其他不利于幼林生长和破坏整地工程的活动。

（2）对由于各种原因导致林木成片生长不良或形成小老树等情况，应及时调查原因，进行更新改造。

（3）幼林补植适于成活率30％～70％的情况。成活率70％以上且分布均匀的，不需补植；成活率不到30％的，不计其造林面积，重新造林。幼林补植应采用同一树种的大苗或同龄苗，应符合GB/T 51097—2015中5.2.12的规定。

7.7.2.2.2 成林管护

水土保持林的成林管护应符合下列要求：

（1）应根据立地条件和树种类型进行适当管护，充分发挥其水土保持功能；

（2）应专人管护，防止人畜破坏，防止林地火灾，防治病、虫、鼠害；

（3）对各类整地工程，应长期保持完好。每年汛后应进行检查，发现损毁及时补修；

（4）仿自然生态，人工促进天然更新。

7.7.3 水源涵养林

7.7.3.1 水源涵养林设计

7.7.3.1.1 树种

选择树体高大、冠幅大，林内枯枝落叶丰富和枯落物易于分解，根系发达，长寿、生长稳定且抗逆性强的树种。

7.7.3.1.2 种苗

水源涵养林种苗选择应符合下列要求：

（1）裸根苗符合GB 6000—1999中附录A的规定；

（2）容器苗符合LY 1000中的规定；

（3）飞播造林符合GB/T 15162和LY/T 1186—1996中表1的规定；

（4）检验林木种子质量符合GB 2772中的规定。

7.7.3.1.3 造林密度

根据建设类型区、立地条件、树种生物学特性确定水源涵养林的适宜造林密度，应符合GB/T 18337.3—2001附录D的规定。

7.7.3.1.4 整地

严禁采用全面整地，应按照GB/T 18337.3—2001中4.1.2.5.1的规定，根据立地条件、树种及播种方式等确定穴状整地或局部整地方式。

7.7.3.1.5 种植方式

水源涵养林种植方式应符合下列要求：

（1）造林方式一般采用植苗造林和播种造林；

（2）植苗造林以带有土坨的移植苗为主，容器苗、裸根苗为辅；

（3）播种造林应符合GB/T 15776—2016中10.1的规定。

7.7.3.2 水源涵养林管护

实施分级管护制度，即封禁管护、重点管护和一般管护三个等级。水源涵养林管护应符合下列要求：

（1）封禁管护适用于一级水源保护区，符合GB/T 15163中的规定；

（2）重点管护适用于二级水源保护区，以及三级水源保护区的幼、中龄林和林下天然更新较好的林分，符合 GB/T 50885—2013 中 5.2.4 的规定；

（3）一般管护适用于三级水源保护区的其他水源涵养林，应符合 GB/T 50885—2013 中 5.2.4 的规定。

7.7.4 经果林

7.7.4.1 经果林设计

7.7.4.1.1 树种

应选具有水土保持、水源涵养功能的经果林树种，树种选择应符合 LY/T 1557—2000 中 7.1、7.2 的规定，主要的经果林种苗选择见附录 E。

7.7.4.1.2 种苗

种苗质量应符合 GB/T 16453.2—2008 中 4.3 的规定。

7.7.4.1.3 造林密度

不同树种、不同立地条件的主要经果林造林密度见附录 E。

7.7.4.1.4 整地

经果林整地方式应符合下列要求：

（1）经果林必须采取工程措施进行整地；

（2）整地方式包括穴状整地和带状整地等，符合 LY/T 1557—2000 中 8.3 的规定。

7.7.4.1.5 种植方式

可采用植苗造林或分殖造林，种植方式应符合 LY/T 1557—2000 中 8.4 的规定。

7.7.4.2 经果林管护

经果林管护应符合下列要求：

（1）采用专人、专兼职或集中管护等方式，设置管护牌等明示造林地管护范围、面积、目标、责任人等信息。人畜干扰风险较高的地段宜在造林地周边设置网围栏、篱墙、防护沟等设施。

（2）应根据苗木的生长特性要求，适时修枝整形，定期浇水、施肥，采取防治病虫害等措施，做好高温灼伤和低温冻伤的防护工作，保证优质高产。

（3）在成林前，林间隙地可套种绿肥或适宜农作物，但不应影响苗木正常生长，或造成新的水土流失问题。

（4）品种不良的，应及时采取换头嫁接优良品种。

7.7.5 水土保持种草

7.7.5.1 水土保持种草设计

7.7.5.1.1 草种

应选择具有耐寒、耐旱、耐瘠薄、抗逆性强、根系发达、蔓生性强等特点的水土保持草种，符合 GB/T 16453.2 中的规定。

7.7.5.1.2 播种量设计

播种量应符合 GB/T 16453.2—2008 中 9.3 的规定。

7.7.5.1.3 整地

整地应符合 GB/T 16453.2—2008 中 10.1 的规定。

7.7.5.1.4 种草方式

水土保持种草方式应符合下列要求：

（1）一般采用撒播或飞播的种草方式，符合 GB/T 16453.2—2008 中 9.2 的规定；

（2）地面较破碎，坡度较陡或播种植株较大的草类时应采用穴播，符合 GB/T 16453.2—2008 中 9.2 的规定；

（3）种子处理和播种期选择符合 GB/T 16453.2—2008 中 10.2、10.3 的规定。

7.7.5.2 水土保持种草管护

水土保持种草管护应符合下列要求：

（1）适时浇水，促进生长；

（2）专人看管，防止人畜践踏；

（3）发现病虫鼠害时，应及时防治，勿使蔓延；

（4）每年汛后和每次较大暴雨后，应派专人检查。发现整地工程损毁或其他问题，应及时采取补救措施；

（5）禁止任何不利于草种生长和破坏整地工程的活动。

7.8 封育工程

7.8.1 一般要求

7.8.1.1 封育工程适用于具有母树、天然下种条件或萌蘖条件的荒山荒坡、残疏林地、退化天然草地等。

7.8.1.2 封育工程布置不适宜人工造林的高山、陡坡、水土流失严重地段。

7.8.1.3 封育工程应与人工造林种草统一规划。通过封育措施可恢复林草植被的，可直接封育；自然封育困难的造林区域，应辅以人工补植、补播。人工补植、补播技术措施应符合 GB/T 15776 中的规定。

7.8.1.4 封育治理图斑内的水土流失面积占图斑总面积的比例宜不小于10％。

7.8.2 封育设计

7.8.2.1 封育工程级别及设计标准应符合 GB 51018—2014 中 5.12.1、5.12.2 的规定。

7.8.2.2 应依据项目区水土流失情况、原有植被状况及当地群众生产生活实际，选择不同的封育方式：

（1）全封：边远山区、江河上游、水库集水区、水土流失严重地区及恢复植被比较困难地区，实行全年封禁，严禁人畜进入破坏，以利植被恢复。

（2）半封：在水热条件较好，原有树木破坏较轻，植被恢复较快地区，实行季节性封禁。一般春、夏、秋生长季节封禁，晚秋和冬季开放，允许林间割草、修枝。

（3）轮封：封禁面积较大，保存林木较多，植被恢复较快，当地燃料、饲料较缺乏地区，将封禁范围划分为几个区，实行轮封轮放。每个区封禁 3～5 年后，可开放 1 年。

7.8.2.3 封育类型应依据项目区立地条件确定，分为乔木型、乔灌型、灌木型、灌草型、竹林型。

7.8.2.4 封育规划设计应符合 GB 51018—2014 中 19.2.2 的规定。

7.8.2.5 封育配套设施应符合 GB 51018—2014 中 19.3.1～19.3.5 的规定。

7.8.3 封育工程管护

7.8.3.1 封育区应设立封育标志牌，牲畜活动频繁的区域宜设围栏，无明显边界的区域宜设界桩；管护困难的封育区，封育标志宜设在山口、沟口或交通要道路口。

7.8.3.2 应明确封育区的封育范围、面积、年限、责任人、管理公约。

7.8.3.3 封育区育林和保护要求应符合 GB/T 15163—2018 中 9.2、9.3 的规定。

7.9 农业耕作措施

7.9.1 一般要求

7.9.1.1 农业耕作措施适用于水土流失严重的坡耕地治理。

7.9.1.2 农业耕作措施应包括改变微地形、覆盖和土壤改良三类措施。

7.9.1.3 改变微地形措施应包括等高植物篱、畦状沟垄种植等。

7.9.1.4 覆盖措施应包括间作与套种、休闲地种植绿肥、合理密植、覆盖种植等。

7.9.1.5 改良土壤措施应包括深耕深松、增施有机肥等。

7.9.1.6 农业耕作措施应根据地形、土质、降雨和农事耕作等情况，因地制宜，合理确定。

7.9.2 措施设计

7.9.2.1 改变微地形措施

7.9.2.1.1 等高植物篱设计符合下列规定：

(1) 等高植物篱适用于坡度小于 25°的坡耕地；

(2) 不同坡度植物篱间距应符合 GB 51018—2014 中表 16.2.3 的规定；

(3) 等高植物篱宜结合地形、地埂分布情况进行布置。植物篱带宽宜为 0.6 m，采用种植灌木方式，灌木宜栽植 2～3 行，行距宜为 0.2～0.3 m，株距宜为 0.15～0.25 m，呈梅花形布置。

7.9.2.1.2 畦状沟垄种植符合下列规定：

(1) 畦状沟垄种植适用于坡度小于 20°的坡耕地；

(2) 垄高宜取 20～30 cm，沟内或垄上种植作物；

(3) 沟内不隔埂时，沟垄应与等高线呈 1‰～2‰的比降；

(4) 坡地起垄沟，每隔 5～6 条沟垄修一条田间小路，兼作排水道，形成坡面长畦；沿排水道每 20～30 m 作一横向畦埂，将长畦隔成短畦。

7.9.2.2 覆盖措施

7.9.2.2.1 间作与套种应符合 GB/T 16453.1—2008 中 5.2、5.3 的规定。

7.9.2.2.2 休闲地种植绿肥应符合 GB/T 16453.1—2008 中 5.4 的规定。

7.9.2.2.3 合理密植应符合 GB/T 16453.1—2008 中 5.5 的规定。

7.9.2.2.4 覆盖种植符合下列规定：

(1) 青草覆盖、秸秆还田应符合 GB 51018—2014 中 16.3.7 的规定；

(2) 地膜覆盖：早春作物播种使用时，应按 GB 13735、SL 534 中的规定执行，使用后回收利用，减少环境污染。

7.9.2.3 土壤改良措施

土壤改良措施应符合 GB 51018—2014 中 16.4.1、16.4.2 的规定。

8 监测评价和改进

8.1 监测

8.1.1 应在小流域综合治理前、治理过程中以及治理完成后第 1 年，对坡面土壤流失量、土壤肥力变化及小流域水土流失量进行监测。

8.1.2 应对实施项目的水土保持措施位置、数量、质量、工程量、工程进度及实施效果等进行监测。

8.1.3 监测方法应符合 SL 277、SL 419 中的规定。

8.1.4 进行生态清洁小流域建设的，还应对小流域出口沟（河）道水质变化情况实施监测，监测指标和分析方法应符合 SL 219—2013 中 3.1～3.3 的规定。

8.2 评价

8.2.1 治理后 2 年内，应对小流域水土流失综合治理实施效果进行评价。重点分析计算蓄水保土等基础效益，评价生态效益、社会效益和经济效益。

8.2.2 小流域水土流失综合治理效益的评价指标和计算方法应符合 GB/T 15774 中的规定。

8.3 改进

8.3.1 对实施过程中存在工程位置、数量、质量、施工方法、进度及资金使用情况等不符合设计要求的，应按照设计资料及本文件中 5.1～7.9 的规定及时进行改进。

8.3.2 对治理后实施效果存在问题的，应查明原因，提出合理有效的解决办法和改进措施，并进行改进。

附 录 A

（规范性）

小流域水土流失综合治理基本情况调查表

表 A.1～表 A.15 给出了小流域水土流失综合治理基本情况调查记录的要求。

表 A.1 小流域基本情况调查表

\multicolumn{14}{c}{小流域基本情况调查表}

地块号	土地利用类型	所属行政村村名	地貌类型	海拔/m	坡度/（°）	坡向	土壤母质	土壤质地	土层厚度/cm	沙砾含量/%	植被组成	备注

注：按小流域内主要的土地利用类型选取典型区块进行调查。

调查人：　　　　　　　　校核人：　　　　　　　　调查时间：

表 A.2 小流域主要气象特征值表

小流域主要气象特征值表

气温/℃			降水量/mm				年平均蒸发量/mm	大风日数/d	年平均风速/(m·s⁻¹)	主导风向	≥10 ℃积温/℃	无霜期/d	年日照时数/h
年最高	年最低	年平均	年最大	年最小	年平均降水量	设计频率降水量							

注：设计频率降水量应按本规范规定的不同类型工程设计标准进行调查。

调查人：　　　　　　　　校核人：　　　　　　　　调查时间：

表 A.3 小流域植被情况调查表

小流域植被情况调查表

地块号	面积/hm²	所属行政村村名	树种组成	林龄/a	高度/m	郁闭度	下层灌木		地被物		小流域植被覆盖度/%
							高度/m	覆盖度/%	草被覆盖度/%	枯枝落叶层厚度/cm	

注：按小流域内不同植被类型选取典型区块进行调查。

调查人：　　　　　　　　校核人：　　　　　　　　调查时间：

表 A.4 小流域土地利用现状调查表

单位：hm²

小流域土地利用现状调查表												
小流域面积	耕地	园地	林地	草地	商服用地	工矿仓储用地	住宅用地	公共管理与公共服务用地	特殊用地	交通运输用地	水域及水利设施用地	其他土地
调查人：			校核人：				调查时间：					

表 A.5 小流域土地坡度组成表

小流域土地坡度组成表											
小流域名称	总面积/hm²	土地坡度组成结构									
		<5°		5°～15°		15°～25°		25°～35°		>35°	
		面积/hm²	占比例/%	面积/hm²	占比例/%	面积/hm²	占比例/%	面积/hm²	占比例/%	面积/hm²	占比例/%
调查人：		校核人：					调查时间：				

表 A.6 项目区耕地坡度组成表

项目区耕地坡度组成表												
小流域名称	合计/hm²	耕地坡度组成结构										
		水田、平(梯)旱土		坡耕地								
		<5°		小计		5°～15°		15°～25°		25°～35°		>35°
		面积/hm²	占比例/%	面积/hm²	占比例/%	面积/hm²	占比例/%	面积/hm²	占比例/%	面积/hm²	占比例/%	面积/hm² ...
调查人：			校核人：				调查时间：					

表 A.7 小流域社会经济基本情况调查表

小流域社会经济基本情况调查表										
涉及乡镇	所辖行政村数量/个	土地面积/hm²	总人口/万人	农业人口/万人	农民人均纯收入/（元·a⁻¹）	耕地面积/hm²	人均耕地/（hm²·人⁻¹）	年粮食总产量/t	主要经济来源	当地特色产业
调查人：			校核人：				调查时间：			

表 A.8　小流域水土流失现状调查表

小流域名称	土地总面积/km²	无明显流失面积		水力侵蚀强度及面积									
		面积/hm²	占总面积比例/%	轻度流失		中度流失		强烈流失		极强烈流失		剧烈流失	
				面积/hm²	占比例/%	面积/hm²	占比例/%	面积/hm²	占比例/%	面积/hm²	占比例/%	面积/hm²	占比例/%
调查人：			校核人：				调查时间：						

表 A.9　小流域水土流失图斑复核调查表

编号	所属行政村村名	调查范围/hm²	现状土地利用类型	地质地貌类型	植被覆盖度/%	土壤侵蚀强度	水土流失原因	其他需要说明的问题
调查人：			校核人：			调查时间：		

表 A.10　小流域拟建梯田基本情况调查表

序号	所属乡（镇）	所属行政村	梯田面积/m²	地貌类型	原地面坡度/(°)	坡长/m	坡面汇水情况	土层厚度/cm	表土厚度/cm	土石料来源	水源条件	交通条件	种植方式
调查人：			校核人：				调查时间：						

表 A.11　小流域拟建坡面截排水与小型蓄水工程基本情况调查表

序号	所属乡（镇）	所属行政村	地貌类型	原地面坡度/(°)	坡长/m	坡面汇水面积/m²	现状水土保持措施				下游排水去向
							截水沟/m	排水沟/m	蓄水池/m³ 或个	沉沙池/个	
调查人：			校核人：				调查时间：				

表 A.12 小流域拟建谷坊（拦沙坝）基本情况调查表

序号	调查内容	基本情况
	小流域拟建谷坊（拦沙坝）基本情况调查表	
1	建设地点（所在河道名称及所处行政村）	
2	坝址处沟（河）道断面形状（V 形或 U 形）	
3	坝址处沟（河）道平均底宽及沟槽深、面宽/m	
4	沟（河）道护岸情况（含左/右岸坡比）	
5	沟（河）道比降/%	
6	沟（河）道水文特征（流量、常水位、有无常流水等）	
7	坝址上下游沟（河）道淤积情况	
8	坝址左/右岸基本情况（农田、林地、道路等）	
9	坝址处基岩埋深等地质情况	
10	其他情况	
调查人：	校核人：	调查时间：

表 A.13 小流域拟建护岸工程基本情况调查表

河流名称	河道长度/m	沟（河）道比降/%	现状护岸情况（岸坡结构形式）	河道内已建小型水利设施（拦沙坝、灌溉渠道等）	拟建护岸位置（所属行政村村名）	拟建护岸长度/m	拟建护岸两岸现状	存在问题（岸坡坍塌、冲刷等）
调查人：			校核人：			调查时间：		

表 A.14 小流域农田面源污染基本情况调查表

小流域名称	所属行政村	农田地块面积/hm²	化肥使用				农药使用			排放去向	距最近沟（河）道/m	沟（河）道水质情况	拟建人工湿地场址土地利用类型
			主要肥料名称	养分含量N、P、K	施用量/(kg·hm⁻²)	施用面积/hm²	主要农药名称	施用量/(mL·hm⁻²)或(g·hm⁻²)	施用面积/hm²				
调查人：				校核人：					调查时间：				

24

表 A. 15　小流域村庄污水基本情况调查表

小流域名称	所属村名	污染源名称	规模				排放去向	污水处理方式	距最近沟（河）道/m	沟（河）道水质情况	拟建人工湿地场址土地利用类型
			户数/户	人口/人	年用水量/m³	平均日产生活污水量/m³					
调查人：　　　　　　　　　校核人：　　　　　　　　　　调查时间：											

附　录　B
（资料性）
人工湿地植物特性及配置

人工湿地植物特性及配置选择见表 B.1。

表 B.1　人工湿地植物特性及配置

植被类型	种植区域	植物种类	特性
浮水植物	表面流人工湿地	大藻	天南星科，喜高温高湿，不耐寒，可直接从污水中吸收有害物质和过剩营养物质。
		睡莲	睡莲科，喜阳光充足、温暖潮湿、通风良好的环境，耐寒。
		浮萍	浮萍科，喜温，忌严寒。
	潜流人工湿地	蕹菜	旋花科，耐肥，耐热。
		豆瓣菜	十字花科，喜阳光充足，适宜 pH 值为 6.5～7.5。
挺水植物	表面流人工湿地	旱伞竹	莎草科，喜温暖湿润，通风良好，光照充足。
		水芹菜	伞形科，喜湿润，耐涝耐寒。
		香蒲	香蒲科，喜高温多湿。
		荇菜	睡菜科，适生于多腐殖质的微酸性至中性的底泥和富营养的水域中，土壤 pH 值为 5.5～7.0。
		水烛	香蒲科，性耐寒，喜光照。
		千屈菜	千屈菜科，喜强光，耐寒性强，喜水湿。
		慈姑	泽泻科，喜温湿、阳光充足。
		眼子菜	眼子菜科，对水中总氮、总磷和硝态氮都有较好的去除效果。
		菱	菱科，喜温湿、阳光充足，不耐霜冻。
		荸荠	莎草科，喜温湿，不耐霜冻，常生长在浅水田中。
		芋	天南星科，喜温湿。
		芡实	睡莲科，喜温暖、阳光充足，不耐寒且不耐旱。
		菰	禾本科，不耐寒，不耐高温干旱。
		黄菖蒲	鸢尾科，喜温湿，喜肥，耐寒，可净污。
		芦苇	禾本科，抗逆性强，能有效去除污水体污染物。
		蔗草	莎草科，喜潮湿。
		水葱	莎草科，耐低温。
		薏米	禾本科，喜温湿。
		美人蕉	美人蕉科，喜温暖、阳光充足。
		菖蒲	天南星科，喜冷凉湿润气候，喜阴湿环境，耐寒，忌干旱。

表 B.1　人工湿地植物特性及配置（续）

植被类型	种植区域	植物种类	特性
挺水植物	潜流人工湿地	再力花	竹芋科，喜温湿、阳光充足，不耐寒且不耐旱，耐半阴。
		灯芯草	灯芯草科，多年生草本，去污能力强，对 COD 去除率高。
		梭鱼草	雨久花科，喜温湿、喜阳、喜肥，怕风不耐寒。
		菼草	禾本科，喜温，不耐寒，不耐高温干旱。
		芦竹	禾本科，喜温湿，耐寒性不强。
		蔗草	莎草科，喜潮湿。
		水莎草	莎草科，适应能力强，根系发达，生长量大，营养生长与生殖生长并存，对 N 和 P、K 的吸收较丰富。
		纸莎草	莎草科，喜温暖、阳光充足，耐瘠；喜光，稍耐阴。
		菰	禾本科，不耐寒，不耐高温干旱。
		黄菖蒲	鸢尾科，喜温湿，喜肥，耐寒，可净污。
		芦苇	禾本科，抗逆性强，能有效去除污水体污染物。
		蔗草	莎草科，喜潮湿。
		香蒲	香蒲科，喜高温多湿。
		水葱	莎草科，耐低温。
		薏米	禾本科，喜温湿。
		美人蕉	美人蕉科，喜温暖、阳光充足。
		菖蒲	天南星科，喜冷凉湿润气候，阴湿环境，耐寒，忌干旱。
沉水植物	表面流人工湿地	苦草	水鳖科，生于溪沟、河流、池塘、湖泊之中。
		金鱼藻	金鱼藻科，吸氮能力极强，同时可降低水温。
		眼子菜	眼子菜科，生于地势低洼，长期积水、土壤黏重可净污。
		狐尾藻	小二仙草科，观赏价值高，净水效果佳，能高效去除水中有机物、氨氮、磷酸盐等。
	潜流人工湿地	水毛茛	毛茛科，可防治水体污染。
		黑藻	水鳖科，喜光照充足的环境，喜温暖，耐寒冷，对磷的吸附性强。

附 录 C
（资料性）
湖南省水土保持林主要造林树种和草种

湖南省水土保持林主要造林树种和草种选择见表 C.1。

表 C.1 湖南省水土保持林主要造林树种和草种

地区	类别	树种	特性
一般地区	乔木	马尾松	松科，松属乔木，阳性树种，不耐庇荫，喜光、喜温，对土壤要求不严格。
		樟树	樟科，樟属常绿大乔木，在深厚肥沃湿润的酸性或中性黄壤、红壤土质中生长良好，不耐干旱瘠薄和盐碱土，萌芽能力强，耐修剪。
		侧柏	柏科，侧柏属常绿乔木，喜光，幼时稍耐阴，适应性强，对土壤要求不严，耐干旱瘠薄，萌芽能力强，耐寒，抗盐碱。
		落羽杉	杉科，落叶松属，落叶乔木，强阳性树种，适应性强，耐低温、耐盐碱、耐水淹、耐干旱瘠薄、抗风、抗污染、抗病虫害，酸性土到盐碱地都可生长。
		南酸枣	漆树科，南酸枣属，落叶乔木，生长快、适应性强，为较好的速生造林树种。
		金叶含笑	木兰科，含笑属，小乔木，生于海拔 500～1800 m 的山地林中，喜生长在湿润深厚肥沃的酸性土中。
		甜槠	壳斗科，锥属，乔木，适生于气候温暖多雨地区的肥沃、湿润的酸性土上，在瘠薄的石砾地上也能生长，适应性较强。
		檫木	樟科，檫木属，落叶乔木，适宜在土层深厚、通气、排水良好的酸性土壤上生长。
		喜树	蓝果树科，喜树属，深根性，萌芽率强。较耐水湿，在酸性、中性、微碱性土壤中均能生长，在石灰岩风化土及冲积土中生长良好。
		白榆	榆科，榆属，落叶乔木，喜光，耐旱，耐寒，耐瘠薄，不择土壤，适应性很强，根系发达，抗风力、保土力强。
		合欢	豆科，合欢属，性喜光，喜温暖，耐寒、耐旱、耐土壤瘠薄及轻度盐碱。
		钩锥	壳斗科，锥属乔木，长江以南较常见的主要用材树种，生于海拔 1500 m 以下山林中较湿润地方，有时成小片纯林。
		泡桐	玄参科，泡桐属落叶乔木，喜光，较耐阴，喜温暖气候，耐寒性不强，对黏重瘠薄土壤有较强适应性。
		青冈	壳斗科，青冈属常绿乔木，适应性较强，酸性至碱性基岩均可生长，在石灰岩山地，可形成单优种群，天然更新力强。
		亮叶水青冈	壳斗科，水青冈属落叶乔木，耐旱，喜温，喜肥，速生，喜混交。生于海拔 1000～2000 m 的山地林中。
		长叶石栎	壳斗科，石栎属常绿乔木，抗逆性强，强耐阴，适应性强。生于海拔 600～1900 m 的山地林中。
		短梗冬青	冬青科，冬青属常绿乔木或灌木，材质坚硬，是家具和建筑优质用材，又是良好的蜜源植物。
		冬青	冬青科，冬青属，喜温暖气候，较耐阴湿，萌芽力强，耐修剪。生于海拔 100～700 m 的山坡、沟边常绿阔叶林中或林缘。
		五裂槭	槭树科，槭属落叶小乔木，生于海拔 1500～2000 m 的林缘或疏林中。

地区	类别	树种	特性
一般地区	乔木	任豆	豆科，任豆属落叶大乔木，为中国特有种，高达20～30 m。强阳性树种，根系发达，侧根多，萌芽力强，生长迅速。耐一定水湿和干旱贫瘠，也能耐一定的干旱。
		石楠	蔷薇科，石楠属，常绿灌木或小乔木。喜温暖湿润的气候，抗寒力不强，喜光也耐阴，对土壤要求不严，生于海拔1000～2500 m的杂木林中。
		杉树	松科，杉树属，生长在海拔2500～4000 m的山区寒带上。需要在温暖且多雨的环境下生长，树干端直，树形整齐。
		栾树	无患子科，栾树属落叶乔木。喜光，稍耐半阴，耐寒，但不耐水淹，耐干旱和瘠薄，对环境的适应性强，喜欢生长于石灰质土壤中，耐盐渍及短期水涝。具有深根性，萌蘖力强，生长速度中等，幼树生长较慢，以后渐快，有较强抗烟尘能力。
		杨树	杨柳科，杨属乔木。高大、茂盛，树干通常端直，早期生长速度快，适应性强。
石灰岩地区	乔木	马尾松	松科，松属乔木，阳性树种，不耐庇荫，喜光、喜温，对土壤要求不严格。
		青冈	壳斗科，青冈属常绿乔木，适应性较强，酸性至碱性基岩均可生长，在石灰岩山地，可形成单优群落，天然更新力强。
		细叶青冈	壳斗科，青冈属常绿乔木，生于海拔500～2600 m的山地杂木林中，通常生于青冈林之上部。
		青檀	榆科，青檀属乔木，适应性较强，喜钙，喜生于石灰岩山地，常生于海拔100～1500 m山谷溪边石灰岩山地疏林中。
		刺楸	五加科，刺楸属落叶乔木，喜光树种，适宜在含腐殖质丰富、土层深厚、疏松且排水良好的中性或微酸性土壤中生长。
		小叶栎	壳斗科，栎属落叶乔木，树皮黑褐色，纵裂，耐旱，喜温，喜肥，速生，喜混交，多年生。
		圆柏	柏科，圆柏属常绿乔木，喜光树种，较耐阴，喜温凉、温暖气候及湿润土壤。
		刺柏	柏科，刺柏属乔木，为我国特有种，树皮褐色，枝条斜展或直展，树冠塔形或圆柱形，耐水湿。
		柞木	大风子科，柞木属常绿大灌木或小乔木，喜光、耐寒，喜凉爽气候，耐干旱、耐瘠薄，喜中性至酸性土壤。
		华山松	松科，松属高大乔木，喜排水良好，能适应多种土壤，最宜深厚、湿润、疏松的中性或微酸性土壤。
		榉树	榆科，榉属的落叶乔木树种，侧根发达，长而密集，耐干旱瘠薄，固土、抗风能力强。
		亮叶水青冈	壳斗科，水青冈属落叶乔木，生于海拔1000～2000 m的山地，成小片纯林或与其他落叶阔叶树组成混交林。
		栓皮栎	壳斗科，栎属落叶乔木，深根性，根系发达，萌芽能力强。适应性强，抗风、抗旱、耐火、耐瘠薄，在酸性、中性及钙质土壤中均能生长。
		刺槐	豆科，刺槐属落叶乔木，本种根系浅而发达，易风倒，适应性强，为优良固沙保土树种。
		枫香	金缕梅科，枫香树属落叶乔木，高达40 m，性喜阳光，多生于低山的次生林，在干燥的山坡也能生长，并有抗风、耐火烧的特性。
		石楠	蔷薇科，石楠属常绿灌木或小乔木。喜温暖湿润的气候，抗寒力不强，喜光也耐阴，对土壤要求不严，生于海拔1000～2500 m的杂木林中。
		青冈栎	壳斗科，青冈属的常绿乔木。青冈栎为常绿阔叶林重要组成树种，性耐瘠薄，喜钙。

续表

地区	类别	树种	特性
石灰岩地区	乔木	亮叶械	械树科，械属常绿小乔木，生长于海拔 800～1800 m 石灰岩山坡、石坡和林缘石缝中。
		木荷	山茶科，木荷属大乔木，喜光，幼年稍耐庇荫，对土壤适应性较强。在亚热带常绿林里是建群种，在荒山灌丛是耐火的先锋树种。
		榆树	榆科，榆属阳性树种，喜光，耐旱，耐寒，耐瘠薄，不择土壤，适应性很强，根系发达，保土力强。生于海拔 1000～2500 m 的山地。
		柏木	柏科，柏木属高大乔木，高可达 35 m。喜温暖湿润，需充分上方光照，耐侧方庇荫。对土壤适应性广，耐干旱瘠薄，也稍耐水湿。
	灌木	檵木	金缕梅科，檵木属，喜光，稍耐阴，适应性强，耐旱，喜温暖，耐寒冷，耐瘠薄，但适宜在肥沃、湿润的微酸性土壤中生长。
		胡枝子	豆科，胡枝子属，耐旱、耐瘠薄、耐酸性、耐盐碱，对土壤适应性强。
		白马骨	茜草科，六月雪属，性喜阳光，也较耐阴，耐旱力强，对土壤的要求不高。
		荆条	马鞭草科，牡荆属，耐寒，耐旱，耐瘠薄，适应性强。喜生于山坡、谷地、河边、路旁、灌木丛中，是垦伐退化的山区围封后首先恢复的植物之一。
		铁冬青	冬青科，冬青属，亚热带常绿灌木，耐阴树种，喜生于温暖湿润气候和疏松肥沃、排水良好的酸性土壤中，适应性较强，耐瘠薄、耐旱、耐霜冻。
		牡荆	马鞭草科，牡荆属，黄荆的变种，喜光，耐寒、耐旱、耐瘠薄土壤，适应性强。
		糯米条	忍冬科，六道木属灌木，喜光，耐阴性强，喜温暖湿润气候，对土壤要求不严，酸性、中性和微碱性土均能生长。
		女贞	木犀科，女贞属常绿灌木，耐寒性好，耐水湿，喜温暖湿润气候，喜光耐阴。
		云实	豆科，云实属植物，阳性树种，喜光，耐半阴，喜温暖、湿润的环境，在肥沃、排水良好的微酸性土壤中生长为佳。
		马桑	马桑科，马桑属，适应性强，耐干旱、瘠薄，可在中性偏碱的土壤中生长。
		火棘	蔷薇科，火棘属常绿灌木，性喜温暖湿润，具有较强的耐寒性，耐瘠薄。
		乌药	樟科，山胡椒属，喜亚热带气候，适应性强，喜光，以土质疏松肥沃的酸性土壤生长为宜。
		紫穗槐	豆科，紫穗槐属落叶灌木，系多年生优良绿肥，蜜源植物，耐瘠薄，耐水湿和轻度盐碱土，又能固氮。
	草本	石油菜	荨麻科，冷水花属，生于海拔 300～1300 m 的石灰岩上或荫地岩石上。
		酸模	蓼科，酸模属，多年生草本植物，适应性很强，喜阳光，但又较耐阴，较耐寒，土壤酸度适中。
		石竹	石竹科，石竹属，多年生草本植物，其性耐寒、耐干旱，不耐酷暑，喜阳光充足、干燥，喜通风及凉爽湿润气候。
		八角莲	小檗科，鬼臼属，喜阴凉湿润，忌强光、干旱，适宜选择富含腐殖质、肥沃的砂质壤土栽种。
		土三七	菊科，菊三七属，喜阴植物，喜冬暖夏凉的环境，畏严寒酷热，喜潮湿但怕积水。
		火焰草	景天科，景天属，植株蔓生能力强，生于山坡或山谷石缝中。
		蛇莓	蔷薇科，蛇莓属，喜阴凉、温暖湿润，耐寒，不耐旱，不耐水渍。
		地榆	蔷薇科，地榆属，生于向阳山坡、灌丛，喜沙性土壤。

续表

地区	类别	树种	特性
石灰岩地区	草本	远志	远志科，远志属，生于草原、山坡草地、灌丛中以及杂木林下。喜向阳、地势高燥且排水良好的壤土或砂壤土地块。
		田麻	椴树科，田麻属，生于丘陵或低山干山坡或多石处。
		肉叶鞘蕊花	唇形科，鞘蕊花属，多年生、肉质草本，生于石山林中或岩石上。
		湖南香薷	唇形科，香薷属，一年生草本植物，生于石灰山上，亚热带林内，海拔200～2500 m。
		丹参	唇形科，鼠尾草属，喜气候温和、光照充足、空气湿润、土壤肥沃的环境。
		苦蘵	茄科，酸浆属，常生于海拔500～1500 m的山谷林下及村边路旁。
		牛耳朵	苦苣苔科，唇柱苣苔属，生长于海拔100～1500 m的石灰山林中石上或沟边林下。
		石山苣苔	苦苣苔科，石山苣苔属，多年生草本植物，生长在海拔500～1050 m的山谷阴处石上或石山林中。
		野艾蒿	菊科，蒿属，多生于低或中海拔地区的路旁、林缘、山坡、草地、山谷、灌丛及河湖滨草地等。
		鬼针草	菊科，鬼针草属，喜长于温暖湿润气候区，以疏松肥沃、富含腐殖质的砂质壤土及黏土壤为宜。
		大丁草	菊科，大丁草属，多年生草本植物，生长在海拔650～2580 m的山顶、山谷丛林、荒坡、沟边或风化的岩石上。
		风毛菊	菊科，风毛菊属，生长于海拔200～2800 m的地区，见于河谷针阔混交林。
		荩草	禾本科，荩草属，常生长在海拔1300～1800 m的田野草地、丘陵灌丛、山坡疏林、湿润或干燥地带。
		白羊草	禾本科，孔颖草属，多年生草本植物，适生性强，生于山坡草地和荒地。
		虎尾草	禾本科，虎尾草属，对土壤要求不严，在沙土和黏土土壤上均能适应，在碱性土壤上亦能良好生长。
		狗牙根	禾本科，狗牙根属，根茎蔓延力很强，广铺地面，为良好的固堤保土植物。
		马唐	禾本科，马唐属，喜湿、好肥、嗜光照，对土壤要求不严格，在弱酸、弱碱性的土壤上均能良好地生长。
		鹅观草	禾本科，鹅观草属草本植物，多生长在海拔100～2300 m的山坡和湿润草地。
		狗尾草	禾本科，狗尾草属，喜长于温暖湿润气候区，以疏松肥沃、富含腐殖质的砂质壤土及黏土壤为宜。
紫色土壤区	乔木	马尾松	松科，松属乔木，阳性树种，不耐庇荫，喜光、喜温，对土壤要求不严格。
		湿地松	松科，松属乔木，适生于低山丘陵地带，耐水湿。
		枫香	金缕梅科，枫香树属落叶乔木，高达40 m，性喜阳光，多生于低山的次生林，在干燥的山坡也能生长，并有抗风、耐火烧的特性。
		刺槐	豆科，刺槐属，落叶乔木，根系浅而发达，易风倒，适应性强。
		大叶樟	樟科，樟属乔木，生于山坡或溪边的常绿阔叶林中或灌丛中，海拔630～700 m，生长速度快、冠形好、叶大光亮、病虫害少。
		桤木	桦木科，桤木属，喜光，喜温暖气候，对土壤适应性强，喜水湿，多生于河滩低湿地。
		黄檀	豆科，黄檀属乔木，喜光，耐干旱瘠薄，不择土壤，深根性，萌芽能力强。

地区	类别	树种	特性
紫色土壤区	乔木	刺楸	五加科，刺楸属，适宜在含腐殖质丰富、土层深厚、疏松且排水良好的中性或微酸性土壤中生长。
		盐肤木	漆树科，盐肤木属落叶小乔木，喜光、喜温暖湿润气候，适应性强，耐寒。对土壤要求不严，根萌蘖性强，生长快。
		麻栎	壳斗科，栎属植物落叶乔木，喜光，深根性，对土壤条件要求不严，耐干旱瘠薄，亦耐寒、耐旱；宜酸性土壤，亦适石灰岩钙质土。
		苦楝	楝科，楝属落叶乔木，喜温暖湿润气候，耐寒、耐碱、耐瘠薄，适应性较强。
		檫木	樟科，檫木属落叶乔木，高达35 m，常生于海拔150～1900 m的疏林或密林中。
		柏木	柏科，柏木属高大乔木，高达35 m。喜温暖湿润，需充分上方光照，耐侧方庇荫。对土壤适应性广，耐干旱瘠薄，也稍耐水湿。
		柳杉	杉科，柳杉属高大乔木，高达48 m，胸径可达2 m多；生于海拔1100 m以下坡地。抗风力差，不耐寒凉、不耐瘠薄，稍耐阴，喜温暖湿润的气候及土壤酸性、肥厚而排水良好的山地。
		楸	紫葳科，梓属小乔木，高达8～12 m。木种性喜肥土，生长迅速，树干通直，木材坚硬。
		华山松	松科，松属，喜排水良好，能适应多种土壤，最宜深厚、湿润、疏松的中性或微酸性土壤。
	灌木	牡荆	马鞭草科，牡荆属，黄荆的变种，喜光，耐寒、耐旱、耐瘠薄土壤，适应性强。
		胡枝子	豆科，胡枝子属，是很好的固土、持水及改良土壤树种，也是荒山裸地造林的先锋灌木。
		白马骨	茜草科，六月雪属，性喜阳光，也较耐阴，耐旱力强，对土壤的要求不高。
		荆条	马鞭草科，牡荆亚科植物，阳性树种，喜光耐阴，在阳坡灌丛中多占优势，对土壤要求不严。
		糯米条	忍冬科，六道木属，喜光，耐阴性强，喜温暖湿润气候，对土壤要求不严，酸性、中性和微碱性土均能生长。
		火棘	蔷薇科，火棘属常绿灌木，性喜温暖湿润，具有较强的耐寒性，耐瘠薄。
		乌药	樟科，山胡椒属，喜亚热带气候，适应性强，喜阳光充足，以土质疏松肥沃的酸性土壤生长为宜。
		紫穗槐	豆科，紫穗槐属落叶灌木，系多年生优良绿肥，蜜源植物，耐瘠薄，耐水湿和轻度盐碱土，又能固氮。
	草本	白花草木樨	豆科，草木樨属，喜光不耐阴，耐寒耐高温，对土壤要求不高，耐盐碱。
		黄花菜	百合科，萱草属，耐瘠薄、耐旱，对土壤要求不严，地缘或山坡均可栽培。
		牛筋草	禾本科，䅟属，根系发达，吸收土壤水分和养分的能力很强，对土壤要求不高，生长时需要的光照比较强。
		狗牙根	禾本科，狗牙根属，根茎蔓延力很强，广铺地面，为良好的固堤保土植物。
		黑麦草	禾本科，黑麦草属，多年生植物，喜温凉湿润气候，宜于夏季凉爽、冬季不太寒冷地区生长。
		鸡眼草	豆科，鸡眼草属植物，喜凉爽、光照充足的环境，适应能力强，耐贫瘠、干旱。
		百喜草	禾本科，雀稗属多年生草本植物，对土壤要求不严，在肥力较低、较干旱的砂质土壤上生长能力仍很强。

地区	类别	树种	特性
紫色土壤区	草本	牛鞭草	禾本科，牛鞭草属，喜生于低山丘陵和平原地区的湿润地段、田埂、河岸、溪沟旁、路边和草地，喜温热而湿润的气候。
		灯芯草	灯芯草科、属植物，耐贫瘠。
		余甘子	大戟科，叶下珠属，喜温暖湿润气候，喜光喜温，耐旱耐瘠，怕寒冷，适应性非常强，对土壤要求不严。

附　录　D

（资料性）
湖南省水土保持林主要造林密度

湖南省水土保持林主要造林密度见表 D.1。

表 D.1　湖南省水土保持林主要造林密度

单位：株/hm²

地区	类别	树种	造林密度
一般地区	乔木	马尾松	3500～5000
		金叶含笑	1200～2500
		樟树	630～810
		石楠	2500～3000
		南酸枣	1665～1700
		甜槠	810～1800
		钩锥	920～1850
		青冈	1600～3100
		亮叶水青冈	1111～1200
		长叶石栎	6000～8000
		短梗冬青	4000～5000
		冬青	4000～5000
		五裂槭	1500～3000
		檫木	750～1650
		白榆	810～1600
		泡桐	630～900
		侧柏	1800～3600
		落羽杉	1500～2500
		杉树	1111～1200
		栾树	800～1000
		杨树	250～850
		喜树	1110～1200
		合欢	600～750
		任豆	1250～1300
石灰岩地区	乔木	马尾松	3500～5000
		青冈栎	1650～3000

续表

地区	类别	树种	造林密度
石灰岩地区	乔木	细叶青冈	1600～3100
		青檀	810～1800
		刺楸	1500～1600
		小叶栎	6000～8000
		圆柏	900～1000
		刺柏	1000～1500
		柞木	1500～2000
		石楠	2500～3000
		青冈	1600～3100
		亮叶槭	1500～3000
		华山松	3000～4000
		亮叶水青冈	1111～1200
		栓皮栎	810～1800
		刺槐	1000～1500
		木荷	1200～2500
		榆树	2500～5000
		柏木	1800～3600
		榉树	1100～1200
		枫香	630～1500
	灌木	檵木	2000～3000
		白马骨	2000～3000
		荆条	1650～3300
		糯米条	2000～3000
		火棘	1650～3300
		乌药	1110～1200
		胡枝子	1125～1200
		牡荆	4000～8000
		紫穗槐	6000～10000
		马桑	1500～3300
		铁冬青	4000～5000
		女贞	3000～5000
		云实	5000～5500

续表

地区	类别	树种	造林密度
紫色土壤区	乔木	马尾松	3500～5000
		湿地松	1000～2000
		枫香	630～1500
		刺槐	1000～1500
		桤木	1650～3000
		紫穗槐	6000～10000
		黄檀	833～850
		刺楸	1500～1600
		盐肤木	2000～2050
		麻栎	810～1800
		苦楝	630～900
		檫树	1500～1550
		柏木	1800～3600
		柳杉	830～1500
		楸树	1665～1700
		华山松	3000～4000
		大叶樟	1500～2500
	灌木	牡荆	4000～8000
		胡枝子	1125～1200
		白马骨	2000～3000
		荆条	1650～3300
		糯米条	2000～3000
		火棘	1650～3300
		乌药	1110～1200

附 录 E
（资料性）
湖南省主要经果林树种选择及造林密度

湖南省主要经果林树种选择及造林密度见表 E.1。

表 E.1 湖南省主要经果林树种选择及造林密度

单位：株/hm²

分类	树种（学名）	林型	利用方式	特性	造林密度
干果	板栗	乔木	果实	壳斗科，栗属落叶乔木，喜光，适应性强，喜欢潮湿土壤，怕雨涝，对土壤酸碱度敏感，适宜微酸性土壤。	810～1800
	锥栗	乔木	果实	壳斗科，栗属落叶乔木，喜光，耐旱，病虫害少，生长较快。	450
	湖南山核桃	乔木	果实	胡桃科，山核桃属乔木，高达 12～14 m，胸径 60～70 cm，树皮灰白色至灰褐色，浅纵裂，耐寒，耐高温。	450
	核桃	乔木	果实	胡桃科，胡桃属乔木，适生于深厚、疏松、肥沃、湿润土壤，可作为防护林。	450
水果	李	乔木	果实	蔷薇科，李属落叶乔木，适应性强，对空气和土壤湿度要求较高，极不耐积水，宜在土质疏松、土壤透气和排水良好、土层深和地下水位较低的地方生长。	510
	柿树	乔木	果实	柿科，柿属落叶大乔木，较耐瘠薄，耐旱，不耐盐碱。	450
	樱桃	落叶灌木或小乔木	果实	蔷薇科，李属乔木或灌木，高达 2～6 m。喜光、喜温、喜湿、喜肥。土壤以土质疏松、土层深厚的砂质壤土为佳。	1000～2000
	山桃	乔木或灌木	果实	蔷薇科，桃属落叶小乔木或落叶灌木，根系发达，穿透力强，主根明显。	350～550
	刺梨	灌木	果实	蔷薇科，隶落叶灌木，高达 1～3 m，喜光，喜温暖湿润，适应性强，侧根发达，对土壤要求不严。	400～660
	枇杷	乔木或灌木	果实	蔷薇科，枇杷属常绿灌木或小乔木，高达 5～10 m，性喜温暖湿润，宜于阴处生长，适应性强。	900～1000
	猕猴桃	灌木	果实	猕猴桃科，猕猴桃属，多年生藤本植物。宜在土层深厚、温润、疏松、富含有机质的土壤上生长。	1000～2500
	柑橘	小乔木	果实	芸香科，柑橘属小乔木，性喜温暖湿润气候，耐寒，对不同土壤的适应性强。	1000～2500
	石榴	小乔木或灌木	果实	石榴科，石榴属落叶灌木或乔木，喜温暖向阳的环境，耐旱、耐寒、耐瘠薄，不耐涝和荫蔽。	1000～2500
	桑树	乔木	果实	桑科，桑属落叶乔木，喜温暖湿润气候，稍耐阴，对土壤的适应性强。	5000～10000
	杨梅	乔木	果实	杨梅科，杨梅属小乔木，喜酸性土壤，主要分布在长江流域以南。	1000～2500
木本调料和香料	花椒	灌木或乔木	果实	芸香科，花椒属落叶灌木或小乔木，喜光喜温，较耐干旱，生长快，结果早。	1650～3300
	八角	灌木	果实	八角科，八角属，喜冬暖夏凉的山地气候，适宜种植在土层深厚、排水良好、肥沃湿润、偏酸性的砂质壤土上。	600～650
	香桂	乔木	果实	樟科，高大乔木，喜海拔低、日照强度低、石砾含量少、土层深厚、肥力较好并有水源的黄红壤。	6900～7000

分类	树种（学名）	林型	利用方式	特性	造林密度
生物能源	文冠果	灌木	果实	无患子科，文冠果属落叶灌木，喜阳，耐半阴，对土壤适应性很强，耐瘠薄、耐盐碱，抗寒能力强，抗旱能力极强，但不耐涝、怕风。	3300～3400
	黄连木	乔木	种子	漆树科，黄连木属落叶乔木，寿命长，喜光，幼时较耐阴，耐干旱瘠薄，对土壤要求不严。	840～900
	乌桕	乔木	种子	大戟科，乌桕属落叶乔木，阳性喜光，耐间歇或短期水淹，对土壤适应性较强，深根性，侧根发达，抗风、抗毒气。	1111～1200
	构树	乔木	果实、皮、叶、根	桑科，构属落叶乔木，强阳性树种，耐干旱瘠薄，适应性特强，抗逆性强，根系浅，侧根分布很广，速生。	4950～5500
	刺槐	乔木	花、叶、种子	豆科，刺槐属落叶乔木，根系浅而发达，易风倒，适应性强。	1000～1500
木本油料	油茶	灌木或小乔木	果实	山茶科，山茶属灌木或小乔木，喜阳物种，长江流域及以南各省均有分布。	1000～1800
	油桐	乔木	果实	大戟科，油桐属落叶乔木，喜温暖，忌严寒，以阳光充足、土层深厚、疏松肥沃、富含腐殖质、排水良好的微酸性砂质壤土栽培为宜。	495～1600
	千年桐	乔木	果实	大戟科，油桐属落叶乔木，阳性植物，需强光，耐阴，耐热，不耐寒，耐旱耐瘠，忌风。	800～1600
	山苍子	小乔木	果实	樟科，木姜子属落叶小乔木，中性偏阳的浅根性树种，适生于排水良好的酸性红壤、黄壤以及山地黄棕壤，喜光或稍耐阴。	3000～4500
建设用树种	漆树	乔木	用脂、果实	漆树科，漆属落叶乔木，阳性树种，喜温暖湿润气候，忌风，适应性较强，具有一定的耐低温和耐干旱能力。	630～1500
	樟树	乔木	果实、叶	樟科，樟属常绿大乔木，在深厚肥沃湿润的酸性或中性黄壤、红壤土质中生长良好，不耐干旱瘠薄和盐碱土，萌芽能力强，耐修剪。	630～810
	青檀	乔木	种子、树皮	榆科，青檀属乔木，喜光，抗干旱，耐盐碱，耐土壤瘠薄，耐旱，耐寒，不耐水湿，根系发达，对有害气体有较强的抗性。	810～1800
	杜英	乔木	木材	杜英科，杜英属常绿乔木，喜温暖潮湿环境，耐寒性稍差。稍耐阴，根系发达，萌芽能力强，耐修剪。喜排水良好、湿润、肥沃的酸性土壤。适生于酸性之黄壤和红黄壤山区，若在平原栽植，必须排水良好，生长速度中等偏快，对二氧化硫抗性强。	1650～1700
	任豆	乔木	木材	豆科，任豆属，落叶大乔木，为中国特有种，强阳性树种，根系发达，侧根多，萌芽能力强，生长迅速，能耐一定水湿，也能耐一定的干旱，耐贫瘠。	1250～1300
	石楠	灌木或小乔木	种子	蔷薇科，石楠属常绿灌木或小乔木，喜温暖湿润的气候，抗寒力不强，喜光也耐阴。	2500～3000
药用树种	杜仲	乔木	树皮、叶	杜仲科，落叶乔木，高达 20 m，喜光树种，只有在强光、全光条件下才能良好生长，对土壤条件要求不严格。	1000～1500
	山茱萸	小乔木或灌木	果实	山茱萸科，山茱萸属，落叶小乔木或灌木，喜较凉爽气候，喜土壤深厚肥沃的砂质壤土，抗寒性强，较耐阴但又喜充足的光照。	1000～1500

分类	树种（学名）	林型	利用方式	特性	造林密度
药用树种	银杏	乔木	果实、叶	银杏科，银杏属，乔木，喜光树种，深根性，对气候、土壤的适应性较宽，不耐盐碱土及过湿的土壤。	270～300
	厚朴	乔木	树皮、花、种子	木兰科，木兰属，落叶乔木，高达 20 m。喜温和湿润气候，怕炎热，能耐寒，幼苗怕强光，成年树宜向阳，以选疏松肥沃、富含腐殖质、呈中性或微酸性粉砂质壤土栽培为宜。	950～1650
	榔榆	乔木	茎、叶、树皮	榆科，榆属，落叶乔木，喜光，耐干旱，在酸性、中性及碱性土上均能生长，但以气候温暖、土壤肥沃、排水良好的中性土壤为最适宜的生境，对有毒气体、烟尘抗性较强。	1500～2500
	苦丁茶	乔木	叶、芽	冬青科，冬青属，常绿大乔木，耐温、喜阴、喜湿、怕浸，要求土壤微酸性。	3000～4500
	柏木	乔木	茎、树皮	柏科，柏木属，乔木，喜温暖湿润，需充分上方光照，耐侧方庇荫，对土壤适应性广，耐干旱瘠薄，也稍耐水湿，主根浅细，侧根发达，抗风耐烟尘。	1800～3600
	马桑	灌木	果实、种子、茎、叶	马桑科，马桑属，灌木，喜光，耐炎热，耐寒，萌芽能力强，耐潮湿，忌涝，喜砂质壤土。	1500～3300
	皂荚	乔木	果实、种子、荚、刺	豆科，皂荚属，落叶乔木或小乔木，深根性树种。喜光而稍耐阴，喜温暖湿润的气候及深厚肥沃的湿润土壤，对土壤要求不严。	4400～6600
	香椿	乔木	果实、叶、树皮、根	楝科，香椿属，落叶乔木，喜温，喜光，较耐湿，喜肥沃湿润土壤。	2000～3000
	喜树	乔木	根	蓝果树科，喜树属落叶乔木，对土壤要求不严格，但不耐干旱瘠薄，选择育苗地时最好选砂壤或壤土地育苗，要求土壤肥沃、湿润，必须水源充足或有水浇条件。	1100～2250
	榉树	乔木	树皮，叶	榆科，榉属的落叶乔木树种，侧根发达，长而密集，耐干旱瘠薄，固土、抗风能力强。	1110～1200
	枫香	乔木	果实	金缕梅科，枫香树属落叶乔木，性喜阳光，多生于低山的次生林，在干燥的山坡也能生长，并有抗风、耐火烧的特性。	630～1500
	南酸枣	乔木	树皮	漆树科，南酸枣属，落叶乔木，生长快、适应性强，为较好的速生造林树种。	1665～1700
	桤木	乔木	树皮	桦木科，桤木属植物，喜光，喜温暖气候，对土壤适应性强，喜水湿，多生于河滩低湿地。	1650～3000
	铁冬青	灌木	树皮	冬青科，亚热带常绿灌木，耐阴树种，喜生于温暖湿润气候和疏松肥沃、排水良好的酸性土壤，适应性较强，耐瘠薄、耐旱、耐霜冻。	4000～5000
	女贞	灌木	果实	木犀科，女贞属常绿灌木，耐寒性好，耐水湿，喜温暖湿润气候，喜光耐阴。	3000～5000
	云实	灌木	根、茎及果	豆科，云实属，阳性树种，喜光，耐半阴，喜温暖、湿润的环境，在肥沃、排水良好的微酸性土壤中生长为佳。	5000～5500

续表

分类	树种（学名）	林型	利用方式	特性	造林密度
药用树种	千里香	乔木	根、叶	芸香科，九里香属小乔木，喜温暖湿润气候，耐旱，不耐寒，以选阳光充足，土层深厚、疏松肥沃的微碱性土壤栽培为宜。	1000～2000
	藜	草本	全草	藜科，藜属，一年生草本，茎直立，粗壮，有棱和绿色或紫红色的条纹，多分枝，枝上升或开展。	900～2700
	田麻	草本	全草	椴树科，田麻属，生于丘陵或低山干山坡或多石处。	6000～8000
	金银花	灌木	全草	忍冬科，忍冬属植物，花可药用，适应性很强，喜阳，耐寒性强，也耐干旱和水湿，对土壤要求不严，但以湿润、肥沃的深厚砂质土壤上生长为最佳。	2400～2800
	牡荆	灌木	叶	马鞭草科，牡荆属，黄荆的变种，喜光，耐寒、耐旱、耐瘠薄土壤，适应性强。	4000～8000

附 录 F
（资料性）
湖南省水土保持林草配置模式

湖南省水土保持林草配置模式见表F.1。

表 F.1 湖南省水土保持林草配置模式

地区	配置模式	树（草）种选择
一般地区	针阔叶混交模式	针叶林：马尾松，湿地松。 阔叶林：青冈（多脉青冈、亮叶水青冈），石栎（长叶石栎、东南石栎），冬青，厚朴，杜仲，甜槠，栲树，白榆，黄连木，油桐，千年桐，泡桐，板栗，石楠，五裂槭，合欢。 混交比2：3。
	阔叶混交模式	阔叶林：青冈（多脉青冈、亮叶水青冈），石栎（长叶石栎、东南石栎），冬青，厚朴，杜仲，甜槠，栲树，白榆，黄连木，油桐，千年桐，泡桐，板栗，石楠，五裂槭，檫木，喜树，柿树，乌桕。 混交比1：1。
石灰岩地区	针阔叶混交模式	针叶林：柏木（圆柏、刺柏），松木（华山松、马尾松）。 阔叶林：青冈（细叶青冈、亮叶水青冈），厚朴，石楠，石栎（小叶栎、栓皮栎），香椿，板栗，核桃，刺槐，枫香，桤木。 混交比2：3。
	乔灌配置模式	针叶林：柏木（圆柏、刺柏），松木（华山松、马尾松）。 阔叶林：青冈（细叶青冈、亮叶水青冈），厚朴，石楠，石栎（小叶栎、栓皮栎），香椿，板栗，核桃，刺槐，枫香，桤木。 灌木：檵木，胡枝子，荆条（牡荆），火棘，十大功劳，乌药，花椒，紫穗槐，马桑，糯米条。 混交比1：3。
	乔灌草配置模式	针叶林：柏木（圆柏、刺柏），松木（华山松、马尾松）。 阔叶林：青冈（细叶青冈、亮叶水青冈），厚朴，石楠，石栎（小叶栎、栓皮栎），香椿，板栗，核桃，刺槐，枫香，桤木。 灌木：檵木，胡枝子，荆条（牡荆），火棘，十大功劳，乌药，花椒，紫穗槐，马桑，糯米条。 草本：狗尾草，虎尾草，紫马唐，白羊草，鹅观草。
紫色土壤区	针阔叶混交模式	针叶林：柏木（圆柏、刺柏），松木（华山松、马尾松），柳杉。 阔叶林：枫香，刺槐，板栗，麻栎，核桃，漆树（盐肤木），香椿，楸树（刺楸），檫树，桤木，桑树，樟树（大叶樟），杜仲，银杏。 混交比2：3。
	乔灌配置模式	针叶林：马尾松，湿地松，柏木，柳杉，华山松。 阔叶林：枫香，刺槐，板栗，麻栎，核桃，漆树（盐肤木），香椿，楸树（刺楸），檫树，桤木，桑树，樟树（大叶樟），杜仲，银杏。 灌木：荆条（牡荆、杜荆），糯米条，火棘，乌药，胡枝子，金银花，花椒，白马骨。 混交比1：3。
	乔灌草配置模式	针叶林：马尾松，湿地松，柏木，柳杉，华山松，银杏。 阔叶林：枫香，刺槐，板栗，麻栎，核桃，漆树（盐肤木），香椿，楸树（刺楸），檫树，桤木，桑树，樟树（大叶樟），杜仲。 灌木：荆条（牡荆、杜荆），糯米条，火棘，乌药，胡枝子，金银花，花椒，白马骨。 草本：牛筋草，黑麦草，百喜草，牛鞭草，灯芯草，香根草，鸡眼草，狗牙根。 乔灌混交比1：3，草种播种量为10～25 kg。